"十三五" 职业教育国家规划教材·修订版

传感与检测技术

（第 4 版）

主编　耿　淬　史玉立

北京理工大学出版社
BEIJING INSTITUTE OF TECHNOLOGY PRESS

内 容 简 介

本书以生产生活中常见的七大类检测量为模块，选择企业生产实际中具有典型性、可操作性、可评价性的案例提炼成教学项目，以项目实施为主线进行递进式的任务设计，介绍了各类常见传感器的工作原理及基本应用方式，同时任务设计中将岗位能力培养所需的知识点、技能点的分析应用有效贯穿到任务实施的活动设计中，同时结合"1＋X"制度试点工作，基于企业新技术、新工艺、新规范的应用，注重培养学生的应用能力和解决问题的实际工作能力。

本书可作为高等院校、高职院校机电相关专业的教学用书，也可作为相关行业的岗位培训教材及有关人员的自学用书。

图书在版编目（C I P）数据

传感与检测技术 / 耿淬，史玉立主编. －－ 4 版. －－
北京：北京理工大学出版社，2022.1（2022.8 重印）
ISBN 978 － 7 － 5763 － 1015 － 3

Ⅰ. ①传… Ⅱ. ①耿… ②史… Ⅲ. ①传感器 － 检测
－高等职业教育 － 教材 Ⅳ. ①TP212

中国版本图书馆 CIP 数据核字（2022）第 030491 号

出版发行 / 北京理工大学出版社有限责任公司
社　　　址 / 北京市海淀区中关村南大街 5 号
邮　　　编 / 100081
电　　　话 / （010）68914775（总编室）
　　　　　　（010）82562903（教材售后服务热线）
　　　　　　（010）68944723（其他图书服务热线）
网　　　址 / http：//www. bitpress. com. cn
经　　　销 / 全国各地新华书店
印　　　刷 / 河北盛世彩捷印刷有限公司
开　　　本 / 787 毫米 × 1092 毫米　1/16
印　　　张 / 12　　　　　　　　　　　　　　　责任编辑 / 赵　岩
字　　　数 / 275 千字　　　　　　　　　　　　文案编辑 / 赵　岩
版　　　次 / 2022 年 1 月第 4 版　2022 年 8 月第 2 次印刷　　责任校对 / 周瑞红
定　　　价 / 36. 00 元　　　　　　　　　　　　责任印制 / 李志强

前　　言

为贯彻国务院《国家职业教育改革实施方案》精神，执行教育部印发的《职业院校教材管理办法》，本书以既有企业生产经验，又有丰富教学经验的双师型骨干教师为编写队伍，同时由企业核心技术人员参与，根据教育部颁布的职业学校专业教学标准，参考机电设备安装调试与维修职业资格标准，对"十三五"职业教育国家规划教材《传感与检测技术（第3版）》进行了修订。

本书贴近教学实际与生产实践，坚持知行合一，将新技术、新工艺、新规范纳入教学内容，强化操作内容。本书主要介绍了工业生产及生活中常用传感器的原理与应用技术，编写过程中力求体现以下特色。

1. 素养养成，新理念引领

本书编写以立德树人为教育根本，服务经济社会和人的全面发展，在项目实施前以提示的方式引发学习兴趣，引导自主学习；在项目实践操作指导及评价中融入对学生职业素养的养成教育，提高学生的工程质量意识，内化工匠精神和职业使命；在项目完成后通过拓展阅读开阔视野，提升职业内涵。

在内容设计中紧扣立德树人的核心要求，以学生为中心，校企合作，对接岗位职责和课程所要培养的职业能力，突显现代职业教育的特色。

2. 项目典型，新标准对接

本书在编写过程中与多家企业深度合作，打破传统的学科知识体系，选择企业生产实际中具有典型性、可操作性、可评价性的案例提炼成教学项目，以生产、生活中常用量的检测为模块，以项目实施为主线进行递进式的设计，介绍了各类常见传感器的工作原理及基本应用方式，注重培养学生的应用能力和解决问题的实际工作能力。

全书共涉及七大检测量、二十类不同工作原理的传感器应用的学习，模块实施前先提出学习目标，使学生在开始学习每个项目前就明确具体的学习任务和要求，便于学生自学与自评。项目开始前设置自学引导任务，每类传感器的学习均遵循任务布置—原理学习—应用了解—实验验证的方式逐步展开，保证任务的完整性，形成"做什么""怎么做""要什么"的工作思维方式，基于实践促进学生分析和思考，培养和提高学生的综合实践能力。同时任务设计中将岗位能力培养所需的知识点、技能点的分析应用有效贯穿到任务实施的活动设计中，同时结合"1＋X"制度试点工作，基于企业新技术、新工艺、新规范的应用，将和传感与检测技术应用有关的职业技能等级标准、工业传感器相关的操作维护规范标准融入知识技能点中，保证教材内容的先进性与科学性，体现现代职业教育教材改革的特点。

3. 资源丰富，数字化嵌入

本书配有丰富的实物图片和安装接线图，克服了枯燥、难以理解的单一文字叙述，方便阅读。同时本书应用现代教育技术统筹规划建设数字化学习资源，方便查找；所有微课以二维码形式嵌入学习内容，读取便捷；同时本教材依托北京理工大学出版社已建设成熟的出版技术，针对教学重难点寻找突破，开发了教材配套资源，通过"爱习课"App，手机扫码即可完成相关学习，教学资源与企业技术实践应用紧密关联，体现"新形态"教材的优势及特色。

本书可作为职业院校机电一体化技术专业、数控技术专业、工业机器人应用技术专业、电气自动化专业、智能制造专业及其他相关专业的教学用书，也可作为相关行业的岗位培训教材及有关人员的自学用书。

本书参考学时为60学时，各模块的推荐学时如下。

模块名称	模块相关项目	课时
模块一 认识传感器	项目一 认识检测技术	2
	项目二 认识传感器	2
	项目三 处理测量误差	2
模块二 重量和压力的检测	项目一 利用电子秤测重力	4
	项目二 利用电容式压力传感器测压力	2
	项目三 利用压电式传感器测力	2
模块三 温度测量	项目一 利用金属热电阻测量温度	4
	项目二 利用热敏电阻测量温度	2
	项目三 利用热电偶测量温度	4
	项目四 利用双金属片测量温度	2
模块四 物位检测	项目一 利用电容式接近开关检测一般物体位置	4
	项目二 利用电感式接近开关检测金属物体位置	2
	项目三 利用霍尔式接近开关检测磁性物体位置	4
模块五 位移检测	项目一 利用光栅位移传感器检测位移	2
	项目二 利用磁栅位移传感器检测位移	2
	项目三 利用角编码器检测位移	2
	项目四 利用超声波传感器检测距离	4
模块六 光学量检测	项目一 利用光电传感器检测光照强度	4
	项目二 利用光纤传感器检测颜色	2
	项目三 利用红外传感器制作报警装置	4
模块七 气体成分和湿度的检测	项目一 利用酒精传感器检测酒精	2
	项目二 利用烟雾传感器检测烟雾	1
	项目三 利用湿敏传感器检测湿度	1
总计		60

本书由常州刘国钧高等职业技术学校耿淬、史玉立主编，模块一由耿淬编写，模块二~模块四及模块七由史玉立编写，模块五和模块六由江苏理工学院刘冉冉、郑恩兴编写。

　　由于传感器技术发展日新月异，编者学识和水平有限，书中错漏之处在所难免，敬请读者批评指正。

编　者

目　　录

模块一

认识传感器

本模块主要包含了检测技术的基本概念、作用，以及传感器的基本概念、组成、分类、作用及其相关参数。通过本模块的学习，要了解检测技术的基本概念，明确传感器的基本知识，并能对其参数进行简单计算。

【学习目标】

知识目标

(1) 能说出检测的定义及应用领域；

(2) 能说出传感器的基本概念、组成部分、分类及基本特性参数；

(3) 能说出误差的类别及处理方式。

能力目标

(1) 能根据传感器特点判别传感器类型；

(2) 能根据传感器特点判别测量误差并进行处理；

(3) 能根据测量数据计算传感器的相关参数。

素养目标

(1) 能通过沟通协作完成任务，具有团队合作意识；

(2) 培养利用信息化手段获取、处理和使用技术资料的能力；

(3) 培养认真分析、仔细计算、自行探索解决问题的能力。

　　传感与检测技术是关于从自然信源获取信息，并对之进行处理（变换）和识别的一门多学科交叉的现代科学与工程技术，它涉及传感器（又称换能器）、信息处理和识别的规划设计、开发、制/建造、测试、应用及评价改进等活动。传感技术、计算机技术与通信一起被称为信息技术的三大支柱。现代科学和传感与检测技术密不可分。机器人全身布满了各种类型的传感器，可代替人类完成各项复杂的工作，减轻人们的劳动强度，避免有害的作业，如图1-1所示；传感技术还广泛用于现代工业生产线与无人工厂中，极大地提高了生产效率和产品质量。太空中的卫星要摄取各种信息传送到地面工作站，必须借助于传感技术，如图1-2所示。图1-3所示为视觉系统在现代流水线上的应用。传感与检测技术已融入人们的各项生产生活活动中。

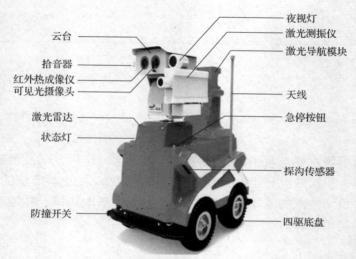

图1-1　装有各种传感器的机器人

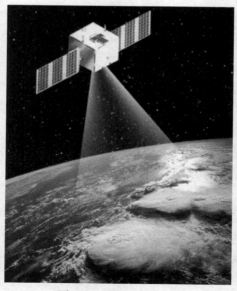

图1-2　卫星遥感技术

图 1 - 3　现代工厂的视觉识别系统

项目一　认识检测技术

本项目主要学习检测的定义、发展及应用，学习后要能说出检测的基本定义及在现代生产中的应用。

检测技术与现代科技关系密切，请你查找资料向同学们介绍下当代检测技术主要包含的内容及主要应用于哪些方面。

1. 检测技术的定义

检测（Detection）是利用各种物理、化学效应，选择合适的方法与装置，将被测量与同类标准量进行比较，从而确定出被测量大小的方法。

早期检测主要指在产品生产完成后将产品区分为合格品和废品，起到产品验收和废品剔除的作用。这种被动检测方法，对废品的出现并没有起到预先防止的作用。在传统检测技术基础上发展起来的主动检测技术（或称为自动检测技术）是指检测和生产加工同时进行，实时检测生产过程中的相关信息，并及时地用检测结果对生产过程主动地进行控制，使之适应生产条件的变化或自动地调整到最佳状态的技术。这样检测的作用已经不只是单纯地检查产品的最终结果，而且要过问和干预造成这些结果的原因，从而进入质量控制的领域。

2. 检测技术的应用

在信息社会的一切活动领域中，从日常生活、生产活动到科学实验处处都离不开检测技术。现代化的检测手段在很大程度上决定了生产和科学技术的发展水平，而科学技术的发展又为自动检测技术提供了新的理论基础和制造工艺，同时对自动检测技术提出了更高的要求。

在机械制造行业中，通常通过对机床的许多静态、动态参数如工件的加工准确度、切削速度、床身振动等进行在线检测，从而控制加工质量。电力、石油、化工、机械等行业的一些大型设备通常在高温、高压、高速和大功率状态下运行，保证这些关键设备安全运行在国民经济中具有重大意义。为此，通常设置故障监测系统，以对温度、压力、流量、转速、振动和噪声等多种参数进行长期动态监测，以便及时发现异常情况，加强故障预防，达到早期诊断的目的。这样做可以避免严重的突发事故，保证设备和人员安全，提高经济效益。另外，在日常运行中，这种连续监测可以及时发现设备故障的前兆情况，采取预防性检修。

在国防科研中，许多尖端的检测技术都是因国防工业的需要而发展起来的。例如，研究飞机的强度，就要在机身、机翼上贴几百个应变计并进行动态测量；在神舟飞船、导弹和航天器的研制中，检测技术就更为重要，必须对它们的每个构件进行强度和动态特性的测试及运行姿势试验等。

检测技术也进入了人们的日常生活中，例如能自动检测与控制房间温度和湿度的空调机；能自动检测衣服污度和重量、采用模糊控制技术的智能洗衣机等。

一个完整的检测系统或检测装置通常是由传感器、信号调理电路和显示记录等部分组成的，此外还有包括电源和传输通道等不可或缺的部分，各部分可以完成信息的获取、转换、处理和显示等功能。检测系统的组成框图如图 1-1-1 所示。

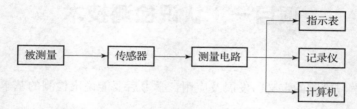

图 1-1-1　检测系统组成框图

检测技术的完善和发展推动着现代科学技术的进步。人们在自然科学各个领域内从事的研究工作，一般是利用已知的规律对观测、试验的结果进行概括、推理，从而对所研究的对象取得定量的概念，并发现它的规律性，然后提升到理论高度。因此，现代化检测手段所能达到的水平在很大程度上决定了科学研究的深度和广度。检测技术达到的水平越高，提供的信息越丰富、越可靠，科学研究取得突破性进展的可能性就越大。此外，理论研究的成果也必须通过实验或观测来加以验证，这同样离不开必要的检测手段。

从另一方面看，现代化生产和科学技术的发展也不断地对检测技术提出了新的要求和课题，成为促进检测技术向前发展的动力。此外，科学技术的新发现和新成果不断应用于检测技术中，也有力地促进了检测技术自身的现代化。

检测技术与现代化生产和科学技术密切相关，使它成为一门十分活跃的技术学科，几乎渗透到人类的一切活动领域，并发挥着越来越大的作用。

项目二　认识传感器

本项目主要学习传感器的定义、组成、分类及参数等，学习后可对传感器的基本情况有所了解。

传感器在当代工业生产和人们的生活中占据了越来越重要的地位，请你查阅资料，说出在生产、生活中常见的传感器及其发挥的作用。测量同一个量的不同传感器，请你查阅相关资料说一说它们之间的区别。

1. 传感器的定义

人体的五官是感受外界刺激的感觉器官，它把感受到的刺激传给大脑，并做出相应的反应。在自动控制系统中，传感器相当于人类的感觉器官，它能把检测到的各种物理量、化学量、生物量和状态量等信息转换为电信号，并传给控制器进行处理、存储和控制。

信息处理技术取得的进展以及微处理器和计算机技术的高速发展，都需要在传感器的开发方面有相应的进展。微处理器现在已经在测量和控制系统中得到了广泛的应用。随着这些系统能力的增强，作为信息采集系统的前端单元，传感器的作用越来越重要。传感器已成为自动化系统和机器人技术中的关键部件，作为系统中的一个结构组成，其重要性变得越来越明显。

根据国家标准，传感器（Transducer/Sensor）的定义是：能感受规定的被测量并按照一定的规律转换成可用输出信号的器件或装置。

传感器是一种以一定的精确度把被测量转换为与之有确定对应关系的、便于应用的某种物理量的测量装置。其包含以下几个方面的含义：

（1）传感器是测量装置，能完成检测任务。

（2）输入量是某一种被测量，可能是物理量，也可能是化学量和生物量等。

（3）输出量是某种物理量，这种量要便于传输、转换、处理和显示等，这种量可以是气、光、电量，但主要是电量。

（4）输入、输出有对应关系，且应有一定的精确度。

传感器检测到的各种信息中，大多数是非电量信号。非电量是指除了电量之外的一些参数，如压力、流量、尺寸、位移量、重量、力、速度、加速度、转速、温度、酸碱度等，而电量一般是指物理学中的电学量，如电压、电流、电阻、电容、电感等。在机械加工中使用的数控机床，需要对工件、刀具的位置、位移等机械量进行测量，这都属于非电量的检测。

非电量不能直接使用一般电工仪表和电子仪器测量，因为一般电工仪表和电子仪器要求输入的信号为电信号，但在自动控制系统中，要求输入的信息为电量信号，这就需要将被测量转化为电量，即要靠传感器来实现。因此，传感器的本质是一种以测量为目的，以一定的精度把被测量转换为与之有确定关系的、便于处理的另一种物理量的测量器件。目前，传感器的输出信号多为易于处理的电量信号，如电压、电流和频率等。

2. 传感器的组成

传感器一般是利用某些物质的物理、化学和生物的特性或原理按照一定的制造工艺研制出来的。由于传感器作用、原理、制造的工艺等不同，所以它们有较大的差别。但是，传感器一般由敏感元件、转换元件、转换电路和辅助电路4部分组成，如图1-2-1所示。

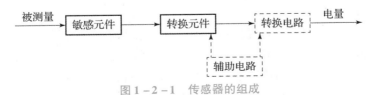

图1-2-1 传感器的组成

1）敏感元件

敏感元件是直接感受被测量，并输出与被测量成确定关系的某一物理量的元件。

2）转换元件

转换元件以敏感元件的输出为输入，把输入转换成某一电路参数。

3）转换电路

转换电路又称为测量电路，主要用来将传感器输出的电信号进行处理和变换，如放大、运算、调制、数模或模数变换等，使其输出的信号便于显示和记录；从测量电路输出的信号输入到自动控制系统，对测量结果进行信息处理。

4）辅助电路

辅助电路就是指辅助电源，即交、直流供电系统。

最简单的传感器由一个敏感元件（兼转换元件）组成，它感受到被测量时直接输出电量，如热电偶。有些传感器由敏感元件和转换元件组成，没有转换电路，如压电式加速度传感器，其中质量块是敏感元件，压电片（块）是转换元件。有些传感器，转换元件不止一个，要经过若干次转换。

3. 传感器的分类

传感器一般是根据物理学、化学、生物学等特性、规律和效应设计而成的。由某一原理设计的传感器可以同时测量多种非电量，而有时一种非电量又可用几种不同的传感器测量，因此传感器的分类方法有很多，一般可按以下几种方法进行分类。

1）按被测物理量的性质进行分类

按被测物理量的性质进行分类，可分为温度传感器、湿度传感器、压力传感器、位移传感器、流量传感器、液位传感器、力传感器、加速度传感器、转矩传感器等。

2）按输出信号的性质进行分类

按输出信号的性质分为模拟式传感器和数字式传感器，即传感器的输出量为模拟量或数字量。数字传感器便于与计算机连用，且抗干扰性强，例如盘式角压数字传感器、光栅传感器等。

3）按工作原理进行分类

这种分类方法是根据工作原理，将物理和化学等学科的原理、规律和效应作为分类依据，将其分为参量传感器、发电传感器、脉冲传感器及特殊传感器。其中参量传感器有触点传感器、电阻传感器、电感式传感器、电容式传感器等；发电传感器有光电式传感器、压电式传感器、热电偶传感器、磁电式传感器、霍尔式传感器等；脉冲传感器有光栅、磁栅、感应同步器、码盘等；特殊传感器是不属于以上3种类型的传感器，如光纤传感器、红外传感器、超声波传感器等。

常见的传感器如图1－2－2所示。

4. 传感器的特性参数

在科学试验和生产过程中，需要对各种各样的参数实时进行检测和控制，这就要求传感器能感受被测非电量并将其转换成与被测量有一定函数关系的电量。传感器将检测量不失真地变换成相应电量的能力，称为传感器的输入—输出特性。传感器这一基本特性可用其静态特性和动态特性来描述。传感器的静态特性是指传感器检测的被测量在检测时间内基本保持

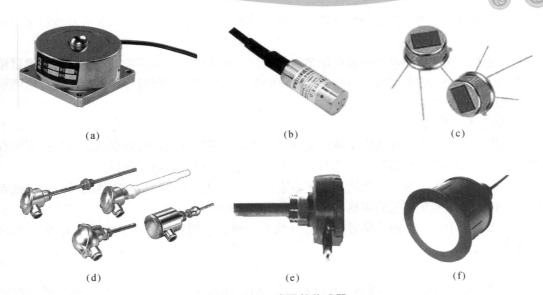

(a)　　　　　　　　　　(b)　　　　　　　　　　(c)

(d)　　　　　　　　　　(e)　　　　　　　　　　(f)

图 1 - 2 - 2　常见的传感器

（a）荷重传感器；（b）压阻式传感器；（c）光敏传感器；

（d）热电偶、热电阻；（e）电容式传感器；（f）超声波传感器

稳定时，传感器输出与输入的关系，如传感器检测重力、长度等参量时展现的特性；传感器的动态特性是指传感器检测的被测量在检测时间内仍然在不断变化时，传感器输出与输入的关系，如传感器检测加速度、频率等参量时展现的特性。传感器静态特性的主要技术指标有灵敏度、线性度、频率响应特性、稳定性、精度等。本部分主要就其静态特性进行介绍。

1）灵敏度

传感器的灵敏度是其在稳态下输出增量 Δy 与输入增量 Δx 上的比值，常用 S_n 来表示：

$$S_n = \frac{\Delta y}{\Delta x}$$

传感器的灵敏度越高，可以感知越小的变化量，即被测量稍有微小变化时，传感器就有较大的输出。但灵敏度很高时，与测量信号无关的外界噪声也容易混入，并且噪声也会被放大。因此，对传感器往往要求有较大的信噪比。

2）线性度

线性度就是其输出量与输入量之间的实际关系曲线偏离直线的程度，又称非线性误差，其几何意义如图 1 - 2 - 3 所示。

$$E = \pm \frac{\Delta_{\max}}{y_{FS}} \times 100\%$$

式中：$\Delta_{\max}$——实际输入、输出特性曲线与拟合
　　　　　　直线之间的最大偏差；

　　　y_{FS}——传感器的满量程。

从理论上讲，在线性范围内，灵敏度保持定值。传感器的线性范围越宽，则其量程越大，并

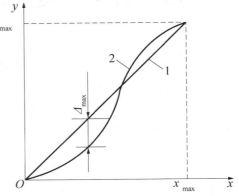

图 1 - 2 - 3　传感器线性度示意图

1—拟合直线 $y = ax$；2—实际特性曲线

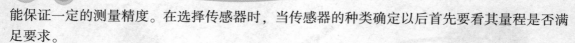

能保证一定的测量精度。在选择传感器时，当传感器的种类确定以后首先要看其量程是否满足要求。

但实际上，任何传感器都不能保证绝对的线性，其线性度也是相对的。当所要求测量精度比较低时，在一定的范围内，可将非线性误差较小的传感器近似看作线性的，这会给测量带来极大的方便。

3）频率响应特性

传感器的频率响应特性决定了被测量的频率范围，必须在允许的频率范围内保持不失真的测量条件。实际上传感器的响应总有一定延迟，希望延迟时间越短越好。

传感器的频率响应高，可测的信号频率范围就宽，而由于受到结构特性的影响，机械系统的惯性较大，因而频率低的传感器可测信号的频率较低。

在动态测量中，应考虑到信号的特点（稳态、瞬态、随机等）响应特性，以免产生过大的误差。

4）稳定性

传感器的稳定性是经过长期使用以后，其输出特性不发生变化的性能。影响传感器稳定性的因素是时间与环境。

为了保证稳定性，在选用传感器之前，应对使用环境进行调查，以选择合适的传感器类型。例如电阻应变式传感器，湿度会影响其绝缘性，温度会影响其零点漂移，长期使用会产生蠕变现象。又如，对于变极距型电容传感器，当环境湿度或油剂浸入间隙时，会改变电容器介质；当光电传感器的感光表面有灰尘或水泡时，会改变感光性质；对于磁电式传感器或霍尔效应元件等，当在电场、磁场中工作时，亦会带来测量误差；当滑线电阻式传感器表面有灰尘时，将会引入噪声。

在有些机械自动化系统或自动检测装置中，所用的传感器往往是在比较恶劣的环境下工作的，其灰尘、油剂、温度、振动等干扰是很严重的，此时选用传感器必须优先考虑稳定性因素。

5）精度

精度是传感器的一个重要的性能指标，它是关系到整个测量系统测量精度的一个重要环节。传感器的精度越高，其价格越昂贵，因此，传感器的精度只要满足整个测量系统的精度要求就可以，不必选得过高，这样就可以在满足同一测量目的的诸多传感器中选择比较便宜和简单的传感器。

如果测量目的是定性分析的，选用重复精度高的传感器即可，不宜选用绝对最值精度高的；如果是为了定量分析，必须获得精确的测量值，即需选用精度等级能满足要求的传感器。

对某些特殊使用场合，若无法选到合适的传感器，则需自行设计制造传感器。自制传感器的性能应满足使用要求。

6）其他选用原则

除了上述特性参数外，传感器的重复性及环境特性也是选用传感器时应考虑的重要因素。

很多传感器材料采用灵敏度高、信号易处理的半导体，所以周围环境对传感器影响最大的是温度，另外，大气压、湿度、振动、电源电压及频率都会影响传感器的特性。

重复性是指在同一工作条件下输入量按同一方向在全测量范围内连续变动多次所得特性曲线的不一致性，重复性所反映的是测量结果偶然误差的大小。

5. 传感器技术的发展趋势

当前，传感器技术的主要发展方向，一是开展基础研究，发现新现象，开发传感器的新材料和新工艺；二是实现传感器的集成化与智能化。

1）发现新现象，开发新材料

新现象、新原理、新材料是发展传感器技术，研究新型传感器的重要基础，每一种新原理、新材料的发现都会伴随着新的传感器种类的诞生。

2）集成化，多功能化

传感器向敏感功能装置发展，向集成化方向发展，尤其是半导体集成电路技术及其开发思想的应用，如采用微细加工技术 MEMS（Microelectro - Mechanical System）制作微型传感器、采用厚膜和薄膜技术制作传感器等。

3）向未开发的领域挑战

现在开发的传感器大多为物理传感器，今后应积极开发、研究化学传感器和生物传感器，特别是智能机器人技术的发展，即需要研制各种模拟人的感觉器官的传感器，如已有的机器人力觉传感器、触觉传感器、味觉传感器等。

4）智能传感器（Smart sensor）

智能传感器是具有判断能力和学习能力的传感器。事实上智能传感器是一种带微处理器的传感器，它具有检测、判断和信息处理功能。

项目三 处理测量误差

本项目主要学习测量误差的基本定义和处理方法，学习后要会处理检测所得的相关数据。

测量误差是传感与检测过程中难以避免的问题。请你说说检测过程中哪些行为容易出现误差以及如何避免这些误差。

1. 测量的一般概念

测量是通过借助专门的技术和仪表设备，采用一定的方法将被测量与一个同性质、作为测量单位的标准量进行比较，从而确定被测量与标准量比例关系的过程。用天平测量物体的质量就是一个典型的例子。测量结果可以表现为一定的数字，也可表现为一条曲线，或者显示成某种图形等。不管表示为何种方式，测量结果应包含数值（大小和符号）以及单位。

2. 测量方法分类

从不同的角度看，测量有不同的分类方法。

（1）根据测量的手段不同，可分为直接测量和间接测量。使用仪表进行测量时，对仪表读数无须经过任何计算，直接读取被测量的测量结果，称为直接测量。例如，用万用表测量电流、电压；用天平测量物体质量等。

有些被测量无法通过直接测量得到，则需要对几个与被测量有确定函数关系的量进行直接测量，将测量值代入函数，经过计算求得被测量。

例如，为了求出某一匀质金属球的密度，可先用电子秤称出球的质量 m，再用长度传感器测出球的直径 D，最后通过公式 $\rho = m/\left(\dfrac{1}{6}\pi D^3\right)$ 求得球的密度。

（2）根据被测量是否随时间变化，可分为静态测量和动态测量。静态测量中测量对象是稳态值，如重量、压力等；动态测量中测量对象会随时间的变化而改变，如振动、加速度等。

（3）根据测量时是否与被测对象接触，可分为接触式测量和非接触式测量。例如车站、机场采用红外线传感器测量通过者的体温就属于非接触测量。非接触测量不影响被测对象的运行工况，是今后测量发展的方向。

（4）根据测量结果的显示方式可分为模拟式测量和数字式测量。目前多采用数字式测量。

（5）根据测量的方式来分，又可分为偏位式测量、零位式测量和微差式测量等。

3. 测量误差

1）真值

真值是指物理量客观存在的确定值，即被测量本身所具有的真正值。测量的目的是希望通过测量求取被测量的真值。真值是一个可以接近却难以达到的理想概念。由于受测量方法、测量仪器、测量条件及观测者水平等多种因素的限制，故只能获得该物理量的近似值。测量值与真值之间的差值称为测量误差。测量误差可按其不同特征进行分类。

2）绝对误差

测量结果 A_i 减去真值 A 称为绝对误差，用 ΔA 表示，绝对误差与被测量的量纲相同：

$$\Delta A = A_i - A$$

3）相对误差

相对误差是绝对误差偏离真值程度的大小，用百分比来表示，它较绝对误差更能确切地说明测量精度的高低。相对误差可分为示值相对误差和引用相对误差。

（1）示值相对误差 γ。

用绝对误差 ΔA 与被测量 A 的百分比来表示，也称为标称相对误差：

$$\gamma = \frac{\Delta A}{A} \times 100\%$$

其中真值 A 常用多次测量取平均值的方式来代替。

（2）引用误差 γ_m。

将仪表的绝对误差 ΔA 除以一个引用值或特定值，例如仪表的量程（测量上限减去测量下限 $A_{max} - A_{min}$），用百分比来表示，也称满度相对误差：

$$\gamma_m = \frac{\Delta A}{A_{max} - A_{min}} \times 100\%$$

对测量下限为零的仪表而言，常用上限值 A 来代替分母中的 $A_{max} - A_{min}$。

当 ΔA 取仪表的最大绝对误差值 Δ 时，引用误差常被用来确定仪表的准确度等级 S，即

$$S = \left| \frac{\Delta}{A_{\max} - A_{\min}} \right| \times 100\%$$

根据仪表给出的准确度等级 S 及量程范围，可以推算出该仪表可能出现的最大绝对误差 Δ。准确度等级 S 规定取一系列标准值，我国模拟仪表有下列七种等级，即 0.1、0.2、0.5、1.0、1.5、2.5、5.0，它们分别表示对应仪表的满度相对误差不应超过的百分比。从图1-3-1所示的电压表右侧，我们可以看到该仪表的准确度等级为 1.5 级，它表示对应仪表的引用误差（满度相对误差）不超过 1.5%。同类仪表的准确度等级数值越小，准确度就越高，价格就越贵。在工程中，仪表的准确度有时也称为"精度"，准确度等级有时也称为"精度等级"。此外，还经常使用"正确度""精密度""精确度"等名词来评价测量结果。

图1-3-1 从电压表上读取准确度等级

4. 误差的分类及产生原因

根据测量数据中误差呈现的规律，可将误差分为三种类型，即系统误差、随机误差和粗大误差。不同类型的误差有不同的处理方法。

1）系统误差

在相同条件下，多次重复测量同被测量时，误差按一定规律出现，这种误差叫"系统误差"。根据系统误差出现的规律又可分为两类：恒值系统误差，在一定条件下，大小和符号都保持不变的系统误差；变值系统误差，在一定条件下，按某一确定规律变化的系统误差。

产生系统误差的原因主要有：仪器不良，如零点未校准或仪器刻度不准；测试环境的变化，如外界湿度、温度、压力变化等；安装不当，如要求水平放置的仪器放偏了；测试人员的习惯偏向，如读数偏高；测量方法不当等。

2）随机误差

随机误差是指在一定测量条件下的多次重复测量，误差出现的数值和正负号没有明显的规律，但就误差的总体而言，具有一定的统计规律性的误差。随机误差又称偶然误差。

随机误差是由许多复杂因素微小变化的总和引起的，分析较困难，一般无法控制。对于随机误差不能用简单的修正值来修正。对于某次具体测量，无法在测量过程中把随机误差去除。

但随机误差具有随机变量的一切特点，在多次测量中服从统计规律，我们利用统计规律可以对随机误差的大小进行估计。因此，通过多次测量后，对其总和可以用统计规律来描述，即可从理论上估计对测量结果的影响。随机误差表现了测量结果的分散性，在误差分析时，常用精密度表示随机误差的大小，随机误差越小，精密度越高，而系统误差则用准确度表示。

3）粗大误差

粗大误差是指在一定条件下测量结果明显偏离其实际值所对应的误差，又称"疏失误差"，简称"粗差"，这种误差是一种由于测量人员疏忽大意或测量条件突然变化引起的误差。含有粗大误差的测量值称为"坏值"，在实际测量中应将其剔除。粗大误差一般都比较大，且没有规律性。

在测量中，系统误差、随机误差、粗大误差三者同时存在，但是它们对测量过程及结果的影响不同，根据其影响程度的不同，测量精度也有不同的划分。在测量中，若系统误差小，则称测量的准确度高；若随机误差小，则称测量的精密度高；若二者综合影响小，则称测量的精确度高。

4）误差产生的原因

从工程测量实践可知，在相同条件下，对某一个量进行多次等精度的直接测量，可以得出一组测量数据。测量数据中通常含有系统误差和随机误差，有时还会含有粗大误差。它们的性质不同，对测量结果的影响及处理方法也不同。对于不同情况的测量数据，首先要加以分析研究，判断情况，分别处理，再经综合整理以得出合乎科学性的结果。

系统误差的分析与处理。查找系统误差的根源，需要对测量设备、测量对象和测量系统作全面分析，明确其中有无产生明显系统误差的因素，并采取相应措施予以修正或消除。一般主要从以下几个方面进行分析考虑：

（1）所用传感器、测量仪表或组成元件是否准确可靠。比如传感器或仪表灵敏度不足，仪表刻度不准确，变换器、放大器等性能不太优良，由这些引起的误差是常见的误差。

（2）测量方法是否完善。如用电压表测量电压，电压表的内阻对测量结果有影响。

（3）传感器或仪表安装、调整或放置是否正确合理。例如，没有调好仪表水平位置、安装时仪表指针偏心等都会引起误差。

（4）传感器或仪表工作场所的环境条件是否符合规定条件。例如，环境温度、湿度、气压等的变化也会引起误差。

（5）测量者的操作是否正确。例如，读数时的视差、视力疲劳等都会引起系统误差。

5. 误差的处理方式

在测量完成后，应遵循以下规则进行误差消除。

1）过失误差的分析与处理

在对重复测量所得的一组测量值进行数据处理之前，首先，判断测量数据中是否含有粗大误差，如有则必须加以剔除，然后重复判断有无"粗差"，直至剩余数据中不再含有粗大误差。

2）随机误差的分析与处理

在测量中，当系统误差已设法消除或减小到可以忽略的程度时，如果测量数据仍有不稳定的现象，则说明存在随机误差。在等精度测量的情况下，得到 n 个测量值 x_1，x_2，…，x_n，如这些数据只含有随机误差，则它们服从一定的统计规律，如对称性、单峰性、有界性和相消性等，多数情况下服从正态分布。它们的算术平均值可作为等精度多次测量的结果。

3）系统误差的分析与处理

系统误差是在一定的测量条件下，测量值中含有固定不变或按一定规律变化的误差。系统误差不具有抵偿性，重复测量也难以发现，故在工程测量中应特别注意该项误差。

系统误差的发现一般比较困难，对于测量仪表本身存在的固定的系统误差，可用实验对比法来查找。例如，一台测量仪表本身的系统误差，即使进行多次测量也不能被发现，只有用精度更高一级的测量仪表测量，才能发现这台测量仪表的系统误差。

消除系统误差的方法主要有以下几点：

（1）在测量系统中采用补偿措施。找出系统误差的规律，在测量过程中自动消除系统误差。如用热电偶测量温度时，热电偶参考端温度变化会引起系统误差，消除此误差的方法之一就是在热电偶回路中加一个冷端补偿器，从而进行自动补偿。

（2）在测量结果中进行修正。对已知的系统误差，可用修正值对测量结果进行修正；对变值系统误差，可设法找出误差的变化规律，用修正公式或修正曲线对测量结果进行修正；对未知系统误差，则按随机误差进行处理。

（3）消除系统误差的根源。在测量之前，应仔细检查仪器仪表，正确调整和安装；防止外界干扰影响，选好观测位置，如避光或亮光位置，消除视差（选择环境条件比较稳定时进行读数等）。

（4）实时反馈修正。应用自动化测量技术及微机技术，采用实时反馈修正的方法来消除复杂变化的系统误差。当某种因素变化对测量结果有明显的复杂影响时，应尽可能找出其影响测量结果的函数关系或近似的函数关系，在测量过程中，用传感器将这些变化的因素转换成某种物理量形式，如电量，及时按照其函数关系，通过计算机计算出影响测量结果的误差值，并对测量结果做实时的自动修正。

 知识拓展

智能传感器的应用及其发展

智能传感器最初是由美国宇航局在宇宙飞船的开发过程中提出来的，目前普遍定义智能传感器（Intelligent Sensor）是具有信息处理功能的传感器。智能传感器带有微处理机，具有采集、处理、交换信息的能力，是传感器集成化与微处理机相结合的产物。IEEE协会从网络方向定义智能传感器为能检测被测量大小并可应用于网络环境的一种集成传感器。随着智能传感器的出现，智能传感器技术已成为传感器技术发展方向之一，其涉及信号处理、计算机技术、微电子技术、模糊控制理论、神经网络技术等多种学科，是一门综合性技术。

智能传感器的主要功能如下：

（1）具有自校零、自校正、自补偿和自标定的功能；

（2）可自动采集、处理数据；

（3）可自检验、自选量程及故障；

（4）可存储数据及进行信息处理；

（5）可双向通信，并使数字输出或符号输出标准化；

（6）具有判断、决策处理功能；

（7）可通过神经网络、模糊控制理论和遗传算法等模仿人类思维。

智能传感器主要由传感器、微处理器（或微计算机）及相关电路组成。传感器将被测的物理量转换成相应的电信号，送到信号调理电路中，进行滤波、放大、模—数转换后，送到微计算机中。计算机是智能传感器的核心，它不但可以对传感器测量数据进行计算、存储和数据处理，还可以通过反馈回路对传感器进行调节。由于计算机能充分发挥各种软件的功能，故可以完成硬件难以完成的任务，从而大大降低传感器制造的难度，提高传感器的性能，降低成本。

智能传感器最早应用在航天领域。宇宙飞船中需要测量大量参数，有反映运行轨道的速度、加速度、姿态、方位等参数，有反映宇航员生存环境的温度、湿度、气压、空气成分等参数，因此需要大量的传感器。这些大量的原始数据若直接送到计算机中，无疑会增加主机的负担，影响处理速度。为了提高效率和可靠性，可采用分布处理的方法，即将这些数据先经过各自的处理系统进行预处理，然后再传送至主机进行集中处理。这就是在美国宇航局开发宇宙飞船时所开发的智能传感器。由于智能传感器和多功能传感器的功能强，集成度高，体积小，因此可以大大减少传感器的数量和连接电缆线的重量，这恰是导弹、卫星、宇宙飞船等飞行器所需要的，所以它们在航空航天领域中起着非常重要的作用。

在工业生产中，随着生产过程自动化的发展，采集的数据越来越多，需要使用大量传感器和计算机，特别是需要智能传感器。

智能传感器和多功能传感器在机器人中有广阔的应用前景，如视觉传感器、触觉传感器、力觉传感器、接近觉传感器等，特别是智能机器人，需要根据采集的信息进行识别、判断和决策。智能传感器如同人的五官，可以使机器人具有感知功能。现在一些国家正在研究开发可以识别物体形状的触觉传感器及可以分辨不同气体的嗅觉传感器。

随着智能传感器和多功能传感器的发展，它们将在工业、科技、国防等各个部门得到更广泛的应用。

目前，世界各国都在研制与开发各种智能传感器和多功能传感器，其中最成功的是美国Honeywell 公司研制的 DSTJ – 3000 智能压差压力传感器，其是在同一块半导体基片上用离子注入法配置扩散了压差、静压和温度三个敏感元件，整个传感器还包括变换器、多路转换器、脉冲调制、微处理器和数字量输出接口等；另外还在 PROM 中装有该传感器的特性数据，以实现非线性补偿。此外，ParScientific 公司研制出了 1000 系列数字式石英智能传感器，日本日立研究所研制出了可以识别四种气体的嗅觉传感器。智能传感器是测量技术、半导体技术、计算技术、信息处理技术、微电子学、材料科学互相结合的综合密集型技术。

思考与练习

1. 单项选择题

（1）一个完成的检测系统获检测装置通常是由（   ）、信号调理电路和显示记录等部分组成的。

A. 被测量　　　　　B. 显示器　　　　　C. 传感器　　　　　D. 计算机

（2）传感器的组成部分中，直接感受被测物理量的是（　　）。

A. 转换元件　　　　　　　　　　B. 敏感元件

C. 转换电路　　　　　　　　　　D. 放大电路

（3）传感器可测量的量不包含哪一项？（　　）

A. 物理量　　　　　B. 化学量　　　　　C. 生物量　　　　　D. 常量

（4）以下传感器静态特性指标中，表示传感器在稳态下输出增量与输入增量比值的是（　　）。

A. 线性度　　　　　　　　　　　B. 灵敏度

C. 滞后　　　　　　　　　　　　D. 重复性

（5）以下传感器静态特性指标中，表示传感器在稳态下输入与输出之间数值关系的线性程度的是（　　）。

A. 线性度　　　　　　　　　　　B. 灵敏度

C. 分辨率　　　　　　　　　　　D. 量程

（6）以下传感器静态特性指标中，表示传感器在规定范围内可以检测出的最小变化量的是（　　）。

A. 线性度　　　　　　　　　　　B. 灵敏度

C. 分辨率　　　　　　　　　　　D. 测量范围

（7）以下传感器静态特性指标中，表示传感器测量值与真值接近程度的是（　　）。

A. 线性度　　　　　B. 灵敏度　　　　　C. 分辨率　　　　　D. 精度

（8）因为环境温度变化而引起的测量误差属于（　　）。

A. 系统误差　　　　　　　　　　B. 随机误差

C. 随机误差　　　　　　　　　　D. 粗大误差

（9）以下工业测量仪器的等级精度中，等级最高的是（　　）。

A. 0.1 级　　　　　B. 0.2 级　　　　　C. 1.0 级　　　　　D. 2.5 级

（10）某数字式压力表的量程为 0 ~ 999.9 kPa，当被测量的变化小于（　　）kPa 时，仪表的输出不变。

A. 9　　　　　　　　B. 1.0　　　　　　C. 0.9　　　　　　D. 0.1

2. 分析、简答题

（1）什么是传感器？传感器有什么作用？在日常生活中，我们会接触到哪些传感器？请上网搜索，举出三个以上生活中应用传感器的案例。

（2）传感器由几部分组成？各部分有什么作用？各举出两个日常生活中非电量测量的例子来说明。

（3）一般常用传感器有几种分类方法？试分别举例说明。

（4）选择传感器常用的静态指标有哪些？其选用原则是什么？

（5）什么是传感器的非线性误差？它是如何确定的？

（6）现代传感技术有哪几方面的发展趋势？

（7）某仪表公司生产500 V电压表，绝大部分产品的满度相对误差能够控制在0.15%～0.28%，由于产品的技术指标应优于产品说明书所规定的准确度等级，请查找相关资料，确定出厂指标应定为哪一级。

（8）指出下列情况哪些属于粗大误差、哪些属于系统误差、哪些属于随机误差。

①看错电压表的量程倍数。

②打雷时出现的输出电压跳变。

③天平未调水平。

④游标卡尺零点不准。

⑤电子秤内部温度逐渐增大产生的输出温漂。

⑥弹簧秤的弹簧逐渐失去弹性。

⑦电桥检流计的零点漂移。

⑧欧姆表棒的接触电阻。

⑨电网电压的微小跳变给测温仪表带来的误差。

模块二
重量和压力的检测

本模块主要学习电阻应变式、电容式、压电式传感器的基本原理和结构特点，并能利用合适的传感器完成相关参数的测量和分析。

【学习目标】

知识目标

（1）能说出电阻应变式、电容式、压电式传感器的工作原理及特点；

（2）能说出电阻应变式、电容式和压电式传感器的分类及应用；

（3）能画出电阻应变式、电容式、压电式传感器的常用测量电路，并分析其常用测量电路的特点。

能力目标

（1）能够按照电路要求对电阻应变式、电容式、压电式传感器等模块进行正确接线，并会使用万用表检测电路；

（2）能够分析应变传感器模块检测到的相关数据；

（3）能够根据生产现场实际情况选择合适的测力传感器。

素养目标

（1）培养良好的职业道德，严格遵守本岗位操作规程；

（2）培养良好的团队精神和沟通协调能力；

（3）培养安全意识；

（4）学习、传承工匠精神，树立公正意识，用心做好自己心中的"一杆秤"。

在生产生活中，经常会遇到需要各种力和压力的检测及调节与控制的应用场合。例如，家里会有称体重的体重秤，生产线上的很多商品也需要经过称重再进行包装，汽车经过高速路口需要采用汽车衡称重，家用高压锅、液化气罐体上也有减压阀在测量压力后进行调节控制。检测力的传感器主要有电阻应变式传感器、压阻式传感器、电容式压力传感器和压电式传感器等。图2－1所示为利用电阻应变式传感器构成的汽车衡称重系统，当车辆进入称重系统时，管理部门可以直接从计算机上看到称重结果，驾驶员可以从大屏幕上看到汽车重量，大大提升了称重与结算效率。

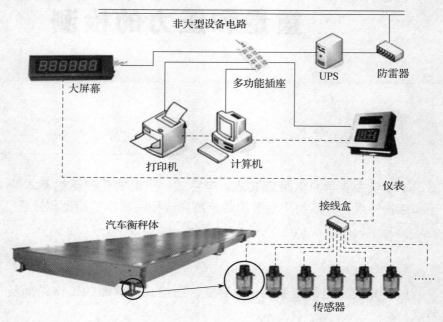

图2－1　汽车衡称重系统

项目一　利用电子秤测重力

本项目主要介绍电阻式应变式传感器的基本结构、工作过程及应用特点，并能根据工程要求正确安装和使用。

请搜索"衡器计量名词术语及定义""应变式称重传感器的设计与计算""应变式称重传感器技术动向和发展趋势""皮带秤"等资料，向同学们简述其含义。

任务一　认识电阻应变式传感器

电阻式传感器具有结构简单、输出精度高、线性度和稳定性好等优点，但它受环境条件（如温度）影响较大，且有分辨率不高等缺点。

电阻式传感器的基本原理：将被测量的变化转换成传感器元件电阻值的变化，再经过转换电路变成电信号输出。电阻式传感器常用来测量力、压力、位移、应变、加速度等，是目前使用最广泛的传感器之一。

电阻式传感器中的传感元件有应变片、半导体膜片、电位器等，由它们分别制成了应变式传感器、压阻式传感器和电位器式传感器等。常见的电阻式传感器如图2-1-1所示。

图2-1-1　常见的电阻式传感器

由于各种电阻材料在受到被测量作用时转换成电阻参数变化的机理各不相同，因此电阻式传感器有很多分类。

1. 电阻应变式传感器的基本原理

导体或半导体材料在外界力的作用下，会产生机械形变，其电阻值也将随着发生变化，这种现象称为应变效应。电阻应变式传感器就是利用金属电阻的应变效应将被测量转换为电量输出的一种传感器。

例如某金属丝，长度为 L、截面积为 A、半径为 r、电阻率为 ρ，则初始电阻 R 可表示为

$$R = \rho \frac{L}{A} = \rho \frac{L}{\pi r^2}$$

导体受拉伸后的参数变化如图2-1-2所示。

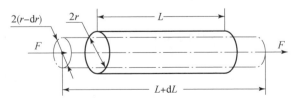

图2-1-2　导体受拉伸后的参数变化

当沿金属丝的长度方向作用均匀的力时，$R = \rho \dfrac{L}{A} = \rho \dfrac{L}{\pi r^2}$ 中 r、L 都将发生变化，从而导致电阻 R 发生变化。实验证明，电阻应变片的电阻应有 $\varepsilon_R = \Delta R / R$，而金属丝的应变大小

与金属丝所受的外力存在特定的数学关系，所以电阻变化率与金属丝所受的外力也存在一定的数学关系，通过测量电阻的变化就能间接测量出外力的大小，这就是电阻应变式力测量传感器的基本原理。

金属丝受外力作用伸长时，电阻值如何变化？缩短时，电阻值又如何变化？

2. 电阻应变式传感器的结构

电阻应变式传感器主要由电阻应变片、弹性敏感元件及测量转换电路等组成。当被测物理量作用在弹性元件上时，弹性元件的变形引起应变敏感元件的阻值变化，通过转换电路转变成电量输出。电量变化的大小反映了被测物理量的大小。

1. 应变片

电阻应变片是一种能将被测试件上的应变转换成电阻变化的敏感元件，它是应变式传感器的主要组成部分。应变片根据所使用的材料不同，可分为金属应变片和半导体应变片两大类。金属应变片可分为金属丝式应变片、金属箔式应变片和金属薄膜应变片等。半导体应变片又可分为两类，一类是将半导体应变片粘贴在弹性元件上制成的传感器，称为粘贴型半导体应变片；另一类是在半导体基片上用集成电路工艺制成的扩散型半导体应变片，应变片与硅衬底形成一个整体的传感器。

在所有这些应变片中，最常用的是金属丝式应变片和金属箔式应变片。

1）金属丝式应变片

金属丝式应变片的电阻值有 $60\ \Omega$、$120\ \Omega$、$200\ \Omega$ 等多种规格，以 $120\ \Omega$ 最为常用。它由敏感栅、基底、盖片、引线和黏结剂等组成，如图 2-1-3 所示。

（1）图 2-1-3 中敏感栅是由金属细丝绕成栅形的，栅长 l 的大小关系到所测应变的准确度。应变片测得的应变大小是应变片栅长和栅宽 b 所在面积内的平均轴向应变量。

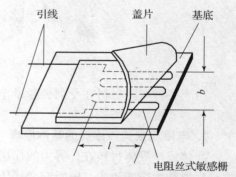

图 2-1-3　电阻应变片结构示意图

（2）图 2-1-3 中基底用于保持敏感栅、引线的几何形状和相对位置，盖片既可保持敏感栅与引线的形状和相对位置，又可保护敏感栅。

（3）图 2-1-3 中引线是从应变片的敏感栅中引出的细金属线。对引线材料的性能要求：电阻率低、电阻温度系数小、抗氧化性能好、易于焊接。大多数敏感栅材料都可制作引线。

（4）金属丝式应变片中的黏结剂用于将敏感栅固定于基底上，并将盖片与基底粘贴在一起。

使用金属应变片时，也需用黏结剂将应变片基底粘贴在构件表面某个方向和位置上，以便将构件受力后的表面应变传递给应变计的基底和敏感栅。

2）金属箔式应变片

金属箔式应变片的工作原理与电阻丝式应变片基本相同。它的电阻敏感元件不是金属丝栅，而是通过光刻、腐蚀等工序制成的薄金属箔栅，故又称箔式电阻应变片，如图 2-1-4 所示。

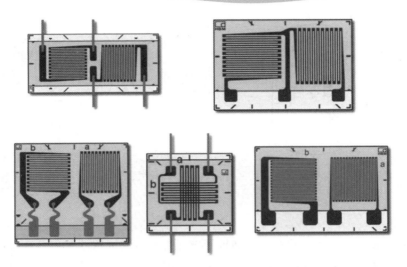

图2-1-4 金属箔式应变片

金属箔式应变片和金属丝式应变片相比较，有以下特点：

（1）金属箔栅很薄，因而它所感受的应力状态与试件表面的应力状态更为接近。

（2）当箔材和丝材具有同样的截面积时，箔材与黏接层的接触面积比丝材大，使它能更好地与试件共同工作。

（3）箔栅的端部较宽，横向效应较小，因而提高了应变测量的精度。

（4）箔材表面积大，散热条件好，故允许通过较大电流，即可以输出较大信号，提高了测量灵敏度。

（5）箔栅的尺寸准确、均匀，且能制成任意形状，特别是为制造应变片和小标距应变片提供了条件，从而扩大了应变片的使用范围。

（6）便于成批生产。

（7）金属箔式应变片的价格较贵；电阻值分散性大，故需要做阻值调整；生产工序较为复杂；引出线的焊点采用锡焊，因此不适于高温环境下测量。

2. 弹性敏感元件

弹性敏感元件能够直接感受力的变化，并将其转化为弹性元件本身的应变或位移。弹性敏感元件形式上可分为变换力的弹性敏感元件和变换压力的弹性敏感元件。变换力的弹性敏感元件通常有等截面轴、环状弹性敏感元件、悬臂梁和扭转轴等。

1）等截面轴

等截面轴又称为柱式弹性敏感元件，可以是实心柱体或空心圆柱体，如图2-1-5所示。在等截面轴上共有4个应变片，当弹性敏感元件受力时，R_1、R_4 和 R_2、R_3 形变方向相反，提高了弹性元件的灵敏度。

2）环状弹性敏感元件

环状弹性敏感元件多做成等截面圆环，如图2-1-6所示。圆环有较高的灵敏度，因而多用于测量较小的力。

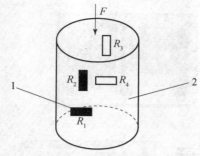
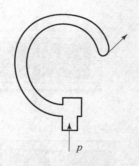

图 2-1-5 等截面轴弹性元件

1—应变片（4个）；2—弹性元件

图 2-1-6 环状弹性敏感元件

3）悬臂梁

悬臂梁是一端固定、另一端自由的弹性敏感元件。按截面形状又可分为等截面矩形悬臂梁和变截面等强度悬臂梁，如图 2-1-7 所示。悬臂梁的特点是结构简单、易于加工、输出位移（或应变）大、灵敏度高，常用于较小力的测量。常见的悬臂梁如图 2-1-8 所示。

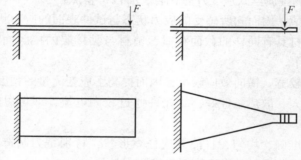

图 2-1-7 悬臂梁式弹性敏感元件

图 2-1-8 常见的悬臂梁

4）扭转轴

图 2-1-9 所示为扭转轴式弹性敏感元件，当其自由端受到转矩的作用时，扭转轴的表面会产生拉伸或压缩应变。扭转轴式弹性敏感元件常用于测量力矩。

3. 测量转换电路

传感器中常用的基本测量电路主要有 5 种，即电桥电路、反相比例放大器、同相比例放大器、差动放大器及电荷放大器。

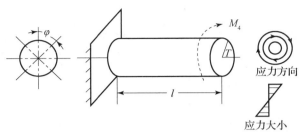

图 2 – 1 – 9　扭转轴式弹性敏感元件

1）电桥电路

电桥电路在传感器的测量中应用很广泛，它可以把电阻的变化转换为电压的变化。电桥电路按照不同的分类方法可以分为以下几种类型。

（1）按电源的性质分类。

按照电源的性质分，可分为直流电桥和交流电桥两种类型，直流电桥电路如图 2 – 1 – 10所示。

在用电桥进行测量前，必须先使电桥电路处于平衡状态，即电桥无输出：

$$U_\mathrm{o} = 0 \text{ V}, \ I_\mathrm{o} = 0 \text{ V}$$

电桥的平衡条件为

$$R_1 R_3 - R_2 R_4 = 0$$

这说明要使电桥平衡，其相邻两臂电阻的比值应相等或相对两臂电阻的乘积相等。

当采用交流电作为电源时，称为交流电桥。由于供桥电源为交流电源，故引线分布电容使得二桥臂应变片呈现复阻抗特性，即相当于两只应变片各并联了一个电容。交流电桥电路如图 2 – 1 – 11 所示。

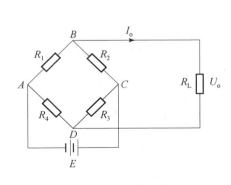

图 2 – 1 – 10　直流电桥

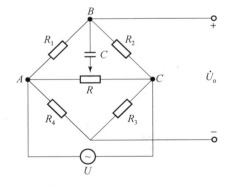

图 2 – 1 – 11　交流电桥电路

（2）按桥臂的工作数量分类。

按照桥臂的工作数量分，可分为单臂电桥、双臂电桥和全桥。

①单臂电桥。单臂电桥如图 2 – 1 – 12 所示。

在单臂桥中，R_1 为受力应变片，其余各臂为固定电阻。

②双臂电桥。双臂电桥如图 2 – 1 – 13 所示。

在双臂电桥中，R_1、R_2 为应变片，R_3、R_4 为固定电阻。

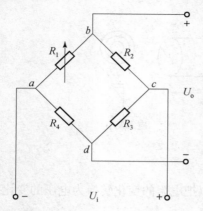

图 2 – 1 – 12　单臂电桥

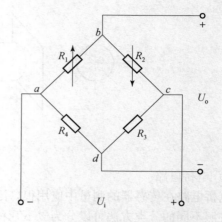

图 2 – 1 – 13　双臂电桥

应变片 R_1、R_2 感受到的应变以及产生的电阻增量正、负号相间，可以使输出电压成倍增大。双臂电桥的线性度比单臂电桥要好，灵敏度是单臂电桥的两倍。

③全桥。全桥的 4 个桥臂都是应变片，如图 2 – 1 – 14 所示。

电桥四臂接入 4 片应变片，即两个受拉应变、两个受压应变，将两个应变符号相同的接入相对桥臂上。

全桥差动电路不仅没有非线性误差，而且电压灵敏度为单臂工作时的 4 倍。

上述 3 种工作方式中，全桥四臂工作方式的灵敏度最高，双臂电桥次之，单臂半桥灵敏度最低。此外，采用全桥（或双臂半桥）还能实现温度自补偿。

在实际使用过程中，R_1、R_2、R_3、R_4 不可能完全相等，桥路的输出也不一定为零，因此要设置调零电路，如图 2 – 1 – 15 所示。

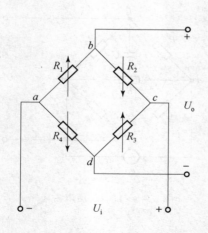

图 2 – 1 – 14　全桥电路

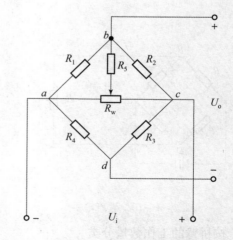

图 2 – 1 – 15　调零电路

在调零电路中，R_w 滑动电阻的作用是调节电桥平衡。

2）反相比例放大器

图 2 – 1 – 16 所示为反相比例放大器电路，其输出端到反相输入端引入负反馈，信号加到反相输入端，则输出电压 u_o 为

$$u_o = -\frac{R_f}{R_1}u_i$$

3）同相比例放大器

同相比例放大器具有输入电阻很高、输出电阻很低的特点，广泛用于前置放大器，如图 2 - 1 - 17 所示。其输出电压 u_o 为

$$u_o = \left(1 + \frac{R_f}{R_1}\right)u_i$$

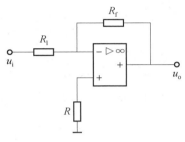

图 2 - 1 - 16　反相比例放大器电路

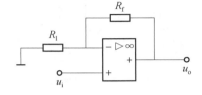

图 2 - 1 - 17　同相比例放大器电路

若 R_1 趋近∞（开路），或 $R_f = 0$，则放大倍数 A_{uf} 为 1，此时同相放大器变为同相跟随器，是比较理想的阻抗变换器。在同相比例放大器电路中，调节 R_1 可以改变同相比例放大器的放大倍数。

4）差动放大器

差动放大器具有双端输入、单端输出及共模抑制比较高的特点，因此，差动放大器通常作为传感放大器或测量仪器的前置放大器。图 2 - 1 - 18 所示为常用的差动放大器电路，若 $R_1 = R_2$，$R_3 = R_5$，$R_4 = R_6$，差动输入是 u_1 与 u_2，则差动放大器输出电压 u_o 为

$$u_o = -\left(1 + \frac{2R_1}{R_w}\right)(u_1 - u_2)$$

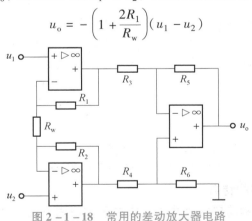

图 2 - 1 - 18　常用的差动放大器电路

在差动放大器电路中，调节 R_w 可以改变差动放大器的放大倍数。

5）电荷放大器

电荷放大器是一种输出电压与输入电荷量成正比的宽带电荷放大器，可配接压电式传感器测量振动、冲击、压力等机械量，如图 2 - 1 - 19 所示。其输出电压 u_o 为

$$u_o = -\frac{Q}{C_f}$$

4. 电阻应变片测量电路

电阻应变片将机械应变信号转换成电信号后，由于应变电阻变化一般都很小，既难以直接精确测量，又不便于直接处理。因此，必须采用转换电路或仪器，把应变片的输出转化为电压或电流变化，常用测量电桥完成。目前使用较多的是直流电桥电路，其信号不会受各元件和导线分布电感及电容的影响，抗干扰能力强。直流电桥电路如图 2-1-20 所示。

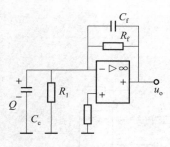

图 2-1-19　电荷放大器电路

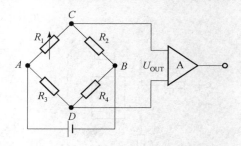

图 2-1-20　直流电桥电路

为了提高电桥的灵敏度和线性度，常使用双桥、全桥电路。在双桥电路中，两个工作应变片一个受拉应变、一个受压应变，将其接入电桥相邻桥臂，即构成双桥差动电路，如图 2-1-21（a）所示。全桥中电桥四臂接入四片应变片，两个受拉应变、两个受压应变，符号相同的接入相对桥臂，即构成全桥差动电路，如图 2-1-21（b）所示。

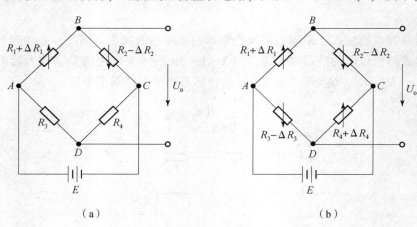

（a）　　　　　　　　　　　　　　　（b）

图 2-1-21　差动电桥电路

（a）双桥差动电路；（b）全桥差动电路

5. 电阻应变式传感器的特点

电阻应变式传感器结构简单、尺寸小、质量轻、使用方便、性能稳定可靠、分辨率高、灵敏度高、价格便宜、工艺较成熟，因此在航空航天、机械、化工、建筑、医学、汽车工业等领域有很广泛的应用。

6. 电阻应变式传感器的应用

根据电阻应变原理制成的传感器可以用来测量诸如力、加速度和压力等参数。

1）电阻应变式力传感器

图 2-1-22 所示为电阻应变式力传感器应用示意图，图中只画出传感器的弹性元件和

粘贴在弹性元件上的应变片，以表明传感器的工作原理。

弹性元件把被测力的变化转变为应变量的变化，粘贴在上面的应变片也感受到同样大小的应变，因而应变片把应变量的变化转换成电阻的变化。只要把所贴的应变片两引出线接入电桥电路中，则电桥的输出变化就正比于被测力的变化。

2）电阻应变式加速度传感器

图 2-1-23 所示为应变式加速度传感器原理图。传感器由质量块、悬臂梁和底座组成，应变片贴在悬臂梁根部的两侧。如将底座固定在被测物体上，则当物体以加速度 a 运动时，质量块受到与加速度方向相反的惯性力 $F=ma$，该力致使悬臂梁发生变形，从而引起应变片的应变和电阻变化。

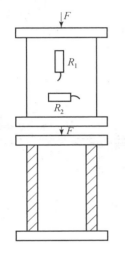

图 2-1-22 电阻应变式力
传感器应用示意图

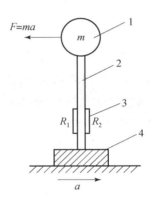

图 2-1-23 应变式加速度传感器原理图
1—质量块；2—悬臂梁；3—应变片；4—底座

3）电阻应变式压力传感器

电阻应变式压力传感器的弹性敏感元件为一端封闭，另一端带有法兰与被测系统连接的薄壁圆筒。在筒壁上贴有 4 片应变片（$R_1 \sim R_4$），其中一半贴在实心部分作为温度补偿片，另一半作为测量应变片。当没有压力时 4 片应变片组成平衡的全桥式电路；当压力作用于内腔时，圆筒变形成"腰鼓形"，使电桥失去平衡，输出与压力成一定关系的电压。这种传感器还可以通过垂链形状的膜片传递被测压力或利用活塞将被测压力转换为力再传递到应变筒上。应变管式压力传感器如图 2-1-24 所示，其结构简单、制造方便、适用性强，在火箭弹、炮弹和火炮的动态压力测量方面有广泛的应用。

4）电阻应变式位移传感器

应变式位移传感器是把被测位移量转变成弹性元件的变形和应变，然后通过应变计和应变电桥，输出正比于被测位移的电量。图 2-1-25 所示为国产 YW 型应变式位移传感器，它可用来近测或远测静态与动态的位移量。因此，既要求弹性元件刚度小，对被测对象的影响反力小，又要求系统的固有频率高，动态频响特性好。

除上述应用外，电阻应变式传感器还可用于振动、扭矩等的测量。

27

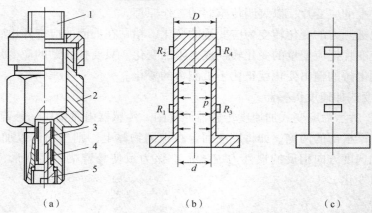

（a） （b） （c）

图 2 - 1 - 24　应变管式压力传感器

（a）结构示意图；（b）筒式弹性元件；（c）应变计布片

1—插座；2—基体；3—温度补偿应变计；4—工作应变计；5—应变筒

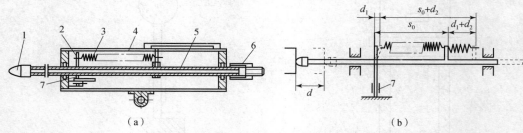

（a） （b）

图 2 - 1 - 25　国产 YW 型应变式位移传感器

（a）传感器结构；（b）工作原理

1—测量头；2—弹性元件；3—弹簧；4—外壳；5—测量杆；6—调整螺母；7—应变计

5）电阻式触摸屏

电阻式触摸屏的工作原理主要是通过压力感应原理来实现对屏幕内容的操作和控制的。图 2 - 1 - 26 所示为电阻式触摸屏结构图。这种触摸屏屏体部分是一块与显示器表面非常配合的多层复合薄膜，其中第一层为玻璃或有机玻璃底层，第二层为隔层，第三层为多元树脂表层，薄膜和玻璃相邻的一面上均涂有 ITO（纳米铟锡金属氧化物）涂层，ITO 具有很好的导电性和透明性，上面再盖有一层外表面经硬化处理、光滑防刮的塑料层。

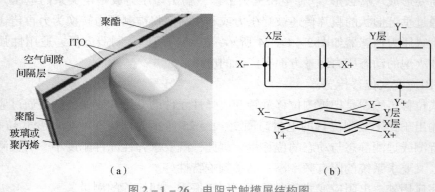

（a） （b）

图 2 - 1 - 26　电阻式触摸屏结构图

（a）结构示意图；（b）四线式电阻式触摸屏原理

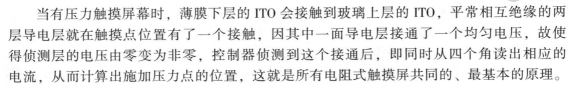

当有压力触摸屏幕时，薄膜下层的 ITO 会接触到玻璃上层的 ITO，平常相互绝缘的两层导电层就在触摸点位置有了一个接触，因其中一面导电层接通了一个均匀电压，故使得侦测层的电压由零变为非零，控制器侦测到这个接通后，即同时从四个角读出相应的电流，从而计算出施加压力点的位置，这就是所有电阻式触摸屏共同的、最基本的原理。

电阻式触摸屏的优点是它的屏和控制系统都比较便宜，反应灵敏度很好，精度也较高，屏幕不受灰尘、水汽和油污的影响，可以在较低或较高温度的环境下使用，还可以用任何物体来触摸，稳定性能较好。其缺点是电阻式触控屏较易因为划伤等导致屏幕触控部分受损。此外，电阻式触控屏能够设计成多点触控，但当两点同时受压时，屏幕的压力变得不平衡，容易导致触控出现误差，因而电阻式触摸屏多点触控较难实现。

任务二 制作简易电子秤

1. 电阻应变片粘贴实验

电阻应变片（简称应变片）是由很细的电阻丝绕成栅状或用很薄的金属箔腐蚀成栅状，并用胶水粘贴固定在两层绝缘薄片中制成，如图 2-1-27 所示。栅的两端各焊一小段引线，供试验时与导线连接。应变片的基本参数有灵敏系数 K、初始电阻值 R、标距 L 和宽度 B。

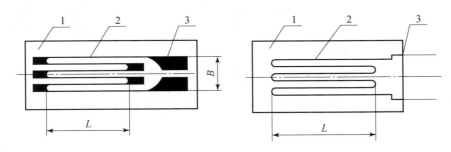

图 2-1-27 电阻应变片结构示意图

1—基体；2—合金丝或栅状金属箔；3—金属丝引线

实验时，将应变片用专用的胶水牢固地粘贴在构件表面需测应变处，当该部位沿应变片 L 方向产生线性变形时，应变片亦随之一起变形，应变片的电阻值也产生了相应的变化。实验证明，在一定范围内应变片的电阻变化率 ΔR 与该处构件的长度变化 ΔL 成正比，即

$$\Delta R/R = K \cdot \Delta L/L$$

式中：R——应变片的初始电阻值；

ΔR——应变片电阻变化值；

K——应变片的灵敏系数，表示每单位应变所造成的相对电阻变化，由制造厂家抽样标定给出，一般 K 值在 2.0 左右。

由于构件的变形是通过应变片的电阻变化来测定的，因此，在应变测试中，应变片的粘贴是极为重要的一个技术环节，应变片的粘贴质量直接影响测试数据的稳定性和测试结果的准确性，在建筑结构试验中要求认真掌握应变片粘贴技术。应变片粘贴过程有应变片的筛选、测点表面处理与测点定位、应变片粘贴固化、导线焊接与固定和应变片粘贴质量检查等。

电阻应变片粘贴实验的方法和步骤如下所示：

1）应变片的筛选

（1）应变片的外观检查：要求其基底、覆盖层无破损折曲；敏感栅平直、排列整齐；无锈斑、霉点、气泡；引出线焊接牢固。建议在放大镜下检查，避免应变片的微小瑕疵。

（2）应变片阻值与绝缘电阻的检查：用万用电表检查应变片的初始电阻值，对于同一测区的应变片阻值之差应小于 ±0.5 Ω，剔除短路、断路的应变片。

2）测点表面处理和测点定位

为了使应变片牢固地粘贴在构件表面，必须进行表面处理。测点表面处理是在测点范围内的试件表面上，用机械方法，粗砂纸打磨，除去氧化层、锈斑、涂层、油污使其平整光洁；再用细砂纸沿应变片轴线方向成45°角打磨，以保证应变片受力均匀；最后，用脱脂棉球蘸丙酮或酒精沿同一方向清洗贴片处，直至棉球上看不见污迹为止。

对于混凝土试件，要清除表面浮浆及污物，贴片位置应避开空洞或石子，在贴片区涂上防水底层。

构件表面处理的面积应大于电阻应变片的面积。

测点定位，用划针或铅笔在测点处划出纵横中心线，纵线方向应与应变方向一致。

3）应变片粘贴

应变片粘贴，即将电阻应变片准确可靠地粘贴在试件的测点上。分别在构件预贴应变片处及电阻应变片底面涂上一薄层胶水（如502瞬时胶），将应变片准确地贴在预定的划线部位上，垫上玻璃纸，以防胶水糊在手指上；然后用拇指沿一方向轻轻滚压，挤去多余胶水和胶层的气泡；用手指按住应变片1~2 min，待胶水初步固化后即可松手。粘贴好的应变片应位置准确；胶层薄而均匀，密实而无气泡。对室温固化黏接剂完成上述工序后，即可自然干燥固化。有时为促进固化、提高粘接强度，可在贴好的应变片上垫海绵后用重物压住；为了加快胶层硬化速度，可以用紫外线灯光烘烤。

4）导线焊接与固定

导线是将应变片的感受信息传递给测试仪表的过渡线，其一端与应变片的引出线相连接，另一端与测试仪表（如电阻应变仪）相连接。应变片的引出线很细，且引出线与应变片电阻丝的连接强度较低，很易被拉断。所以，导线与应变片之间通过接线端子连接，如图2-1-28所示。接线端子在粘贴应变片的同时紧挨端子测量导线应变片的端头粘贴上，不应有间距。将应变片引出线焊接到接线端子的一端，然后将接线端子的另一端与导线焊接。所有连接必须用锡焊焊接，以保证测试线路导电性能的质量，且焊点要小而牢固，防止烧坏应变片或虚焊。引线至测量仪器间的导线规格、长度应一致，排列要整齐，分段固定。导线的固定可采用医用胶布、703胶及橡皮泥等。

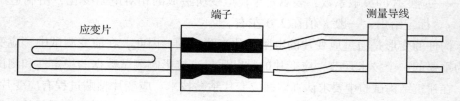

图2-1-28 电阻应变片导线焊接示意图

5）应变片质量检查

用放大镜观察粘合层是否有气泡，整个应变片是否全部粘贴牢固，有无造成短路、断路等部位。检查应变片粘贴的位置是否正确，其中线是否与测点预定方向重合。用万用表检查应变片的电阻值，一般粘贴前后不应有大的变化。若发生明显变化，则应检查焊点质量或者断线。应变片与试件之间的绝缘电阻应大于 200 MΩ。

6）应变片的防护处理

为了防止应变片受机械损伤或受外界水、蒸汽等介质的影响，应变片需加以保护。短期防护可用烙铁熔化石蜡覆盖应变片区域，长期防护可涂上一层保护胶，如 703 胶、环氧等，可根据试验条件和要求采取相应的防护措施。

粘贴应变片时，要注意安全，注意不要被 502 胶粘住手指或皮肤。若被粘上，则可用丙酮泡洗掉。502 胶有刺激性气味，不宜多闻，切不要溅入眼睛。

2. 简易电子秤的制作

如果能利用控制芯片读出电阻应变片测量出的数值，则将其与所称量的重量对应，即可完成电子秤的设计。

1）实验使用模块

（1）称重传感器模块是已经将电阻应变片按照全桥方式连接好，能感受应变量并产生电信号的模块，其实物如图 2 - 1 - 29 所示。它将诸如张力、压力或扭矩之类的力转换为可以测量和标准化的电信号，随着施加到称重传感器上力的增加，电信号按比例变化。

称重传感器通常由一个粘贴了电阻应变片的弹性敏感元件组成，该弹性敏感元件通常由钢或铝制成。这意味着它非常坚固，但弹性也很小。钢在载荷作用下会发生轻微变形，但随后会返回到其初始位置，这些极小的变化可以通过电阻应变片检测到，然后由后续电路检测电阻应变片变化。

（2）HX711 芯片是专为称高精度电子秤而设计的 24 位 A/D 转换器芯片，可以为电桥电路提供电源电压，还可以读取称重传感器的电阻变化，并将电阻变化输出转化为数字信号后输出给后续控制芯片。其实物图如图 2 - 1 - 30 所示。

HX711 模块相关资料

图 2 - 1 - 29　称重传感器实物图

图 2 - 1 - 30　HX711 芯片实物图

（3）Arduino 控制芯片是一款基于单片机再次开发的开源电子控制芯片，价格便宜，使用简单。Arduino 能通过各种各样的传感器来感知环境，通过控制灯光、马达和其他的装置来反馈和影响环境。该芯片能够轻松读取 0~5 V 输入电压的具体数值，还能输出 0~5 V 的电压，常与传感器搭配，完成各种小制作。其实物图及接口示意图如图 2-1-31 所示。

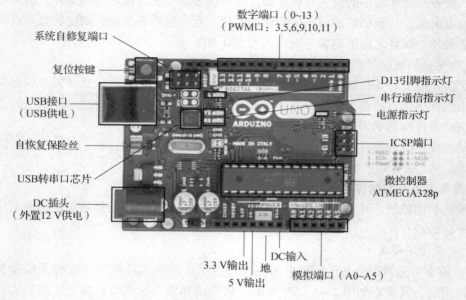

图 2-1-31　Arduino 控制芯片实物图及接口示意图

Arduino 芯片常用的软件是 Arduino IDE（Integrated Development Environment）（集成开发环境），是一款中文免费开源软件，官网上可以直接下载使用。

软件使用较为简单，编程语言类似于 C 语言，编写好程序后采用串口数据线可以将程序直接下载至芯片板中，可以在串口监视器中观看到 Arduino 芯片接收到的传感器检测信号。Arduino 工具栏如图 2-1-32 所示。

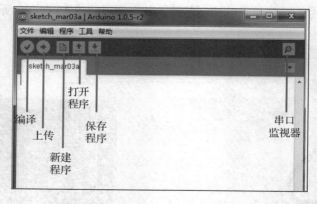

图 2-1-32　Arduino IDE 工具栏

2）简易电子秤实验电路

该电子秤实验电路接线如图 2-1-33 所示。

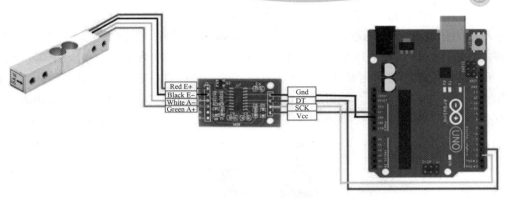

图 2 – 1 – 33　电子秤实验电路接线

3）实验步骤

（1）先将悬臂梁固定在电子秤称重套装的平台上，然后按图 2 – 1 – 33 完成接线，检查无误后将 Arduino 控制板上电。

电子秤的应用

（2）下载电子秤程序至控制芯片中，读取目前测试出的数据。

（3）将砝码放置在电子秤上，调节程序参数，直至测量误差在许可范围之内。

项目二　利用电容式压力传感器测压力

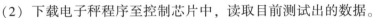

本项目主要学习电容式传感器的工作原理、特点、分类及应用，认识电容式传感器的外观和结构，学习采用电容式压力表测压力的方法。

请回忆电容的相关定义，根据上一项目学习的称重的内容，如果要用电容来完成重量的称量，请你思考应该如何设计。

任务一　认识电容式压力传感器

1. 压力检测的基本定义

本任务中传感器检测的压力主要指的是压强。压强是指作用在单位面积上的力的大小，例如 1 牛顿（N）力垂直均匀地作用在 1 平方米（m^2）面积上所形成的压力为 1 帕斯卡，符号为 Pa，此外压强还有千帕（kPa）、兆帕（MPa）等单位。我国规定"帕"为压力的法定计量单位。

目前，工程技术上仍然在使用的压力单位还有帕（Pa）、巴（bar）、毫米水柱、标准大气压、工程大气压（at）、毫米汞柱等。

2. 不同压力的分类及对应的传感器

压力可分为绝对压力和相对压力，相对压力又可分为表压和差压，表压又有正压、负压之分，高于大气压的表压称为正压，低于大气压的表压称为负压，负压的绝对值也称真空度。根据不同的测量情况，测量压力的传感器可分为 5 大类：绝对压力传感器、大气压传感器、表压传感器、真空度传感器和差压传感器。

1）绝对压力传感器

绝对压力传感器一般有两个取压口，一个为正取压口，另一个称为负取压口。绝对压力传感器的正取压口接到被测压力处，负取压口接到内部的基准真空腔（相当于零压力参考点），所测得的压力数值是相对于基准真空腔而言的，是以真空零压力为起点的压力，称为绝对压力，用 $p_绝$ 或 p_{abs} 表示。绝对压力传感器实物示意图如图 2-2-1 所示。登山者用的海拔表就是一个绝对压力表。

图 2-2-1　绝对压力传感器实物示意图

2）大气压传感器

大气压传感器的本质也是绝对压力传感器，只是正取压口向大气敞开。

大气压是指以地球上某个位置的单位面积为起点，向上延伸到大气上界的垂直空气柱的重量，用 p_a 或 $p_{大气}$ 表示。测量地点距离地面越高，或纬度越高，大气压就越小。1954 年第十届国际计量大会将大气压规定为：在纬度 45°的海平面上，当温度为 0 ℃时，760 mm 高水银柱所产生的压强称为标准大气压。当用千帕为单位时，标准大气压为 101.3 kPa。

在工程中，出于简化目的，有时可以近似认为标准大气压的数值为绝对压力 100 kPa（0.1 MPa），记为 1 bar。大气压力传感器实物图如图 2-2-2 所示。

3）表压传感器

表压传感器能感受相对于大气压的压力（压强），其正取压口接到被测压力处，负取压口向大气敞开，所测得的压力数值是相对于大气压而言的，是以大气压为起点的压力，称为表压，用 $p_表$ 或 p_g 表示。例如，表压传感器指示为 1.0 MPa，表示比大气压高 1 MPa，绝对压力大约为 1.1 MPa。表压传感器的输出型号随大气压的波动而波动，但误差不大。在工业生产和日常生活中，通常所说的压力绝大多数是指表压。生产中所使用的压力表绝大多数都属于表压传感器，即在没有特别说明的场合，压力表是指表压传感器，而计量领域多使用绝对压力传感器。

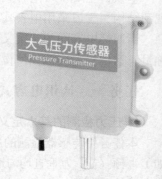

图 2-2-2　大气压力
传感器实物图

4）真空度传感器

以大气压力为基准，绝对压力高于测量地大气压力的压力称为正压，绝对压力小于测量地大气压力的压力称为负压。负压的绝对值称为相对真空度，用符号 p_z 或 $p_{真空}$ 表示。真空度表示气体的稀薄程度，相对真空度的数值越大，表示气体越稀薄。压力式真空传感器的正取压口接到比大气压低的被测压力处，负取压口向大气敞开，所测得的压力数值也是以大气压为起点的，但所指数值是负值，其原理图如图 2-2-3 所示。

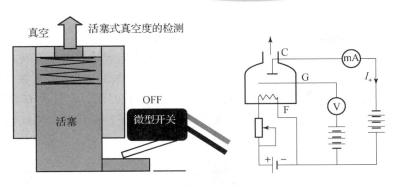

图 2 – 2 – 3　真空度传感器原理图

5）差压传感器

差压是指两个压力 p_1 和 p_2 之差，又称为压力差，用符号 Δp 或 p_d 表示。差压传感器能感受两个测量点压力（压强）之差，其正取压口接到被测压力 p_1 处，负取压口接到被测压力 p_2 处。

如果将差压传感器的负取压口向大气敞开，就相当于表压传感器；如果将差压传感器的负取压口接到基准真空腔，就相当于绝对压力传感器。差压传感器实物图如图 2 – 2 – 4 所示。

利用压力敏感元件将压力的变化转换为电阻、电感、电容等电量的变化，再经过信号调理电路转换为电压、电流或频率信号，这类传感器被称为电测式压力传感器。工业生产应用中常见的电测式压力传感器的类型、测量范围和特点见表 2 – 2 – 1。

图 2 – 2 – 4　差压传感器实物图

表 2 – 2 – 1　电测式压力传感器类型、测量范围和特点

压力仪表 类型	压力测量 范围/MPa	工作原理	特点
电容式压力传感器	10	电容的两个极板距离随压力而变化	可以由硅微加工工艺制作微差动电容，准确度高，温度自补偿；大量用于工业压力变送器
谐振式硅微结构式压力传感器	10	谐振膜的谐振频率随压力增加而变大，由电磁激励和电磁拾振，或静电激励和电容拾振	直接输出频率量，准确度可达 0.01%，温度稳定性较高；可用于校验其他压力传感器
压阻式压力传感器	20	硅的压阻效应	压力直接作用在扩散硅杯，不需要传压液体；工作温度低于 100 ℃
厚膜电阻式陶瓷式压力传感器	20	硅的压阻效应	压力直接作用在陶瓷膜片上，不需要传压液体，过载能力强，采用桥路激光修正，准确度高；工作温度低于 120 ℃

3. 电容式传感器

1）电容式传感器的基本原理

电容式传感器是利用电容器的原理，将非电量转换成电容量，进而实现非电量到电量的转化的器件或装置。图 2－2－5 所示为各种常用电容式传感器，其结构简单、分辨率高、可非接触测量，并能在高温、辐射和强烈振动等恶劣条件下工作。但其也有容易受干扰等问题，随着集成电路技术和计算机技术的发展，较好地解决了这一问题，因此电容式传感器应用范围越来越广。

图 2－2－5　常用电容式传感器

平行板电容器结构如图 2－2－6 所示。当忽略边缘效应时，其电容为

$$C = \frac{\varepsilon S}{\delta} = \frac{\varepsilon_r \varepsilon_0 S}{\delta}$$

当极板间距离 δ、极板相对覆盖面积 S 和相对介电常数 ε 中的某一项或几项有变化时，就改变了电容 C，再通过测量电路即可转换为电量输出。根据变化的参量不同，电容式传感器可分为变极距型、变面积型和变介质型三种类型。极板间距离 δ 或极板相对覆盖面积 S 的变化可以反映

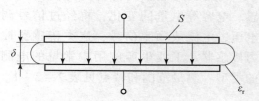

图 2－2－6　平板电容器

线位移或角位移的变化，也可以间接反映压力、加速度等的变化；相对介电常数 ε 的变化则可反映液面高度、材料厚度等的变化。

（1）变极距型电容传感器。

变极距型电容传感器的原理图如图 2－2－7 所示。当传感器的 ε_r 和 S 为常数时，初始极距为 δ_0，可知其初始电容量 C_0 为

$$C_0 = \frac{\varepsilon_r \varepsilon_0 S}{\delta_0}$$

当动极板因被测量变化而向下移动使 δ_0 减小 $\Delta \delta_0$ 时，电容量增大 ΔC，则有

$$C_0 + \Delta C = \frac{\varepsilon_r \varepsilon_0 S}{\delta_0 - \Delta \delta_0} = C_0 / (1 - \Delta \delta_0 / \delta_0)$$

变极距电容式传感器具有非线性，所以在实际应用中，为了改善非线性、提高灵敏度和减小外界因素（如电源电压、环境温度）的影响，常常做成差动式结构或采用适当的测量电路来改善其非线性，如图 2－2－8 所示。

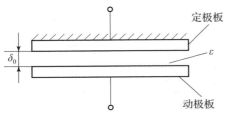

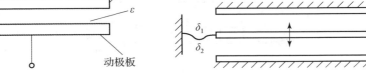

图 2-2-7 变极距型电容传感器原理图　　图 2-2-8 差动式变极距型电容式传感器

差动式比单极式灵敏度提高一倍，且非线性误差大为减小。由于结构上的对称性，故差动式还能有效地补偿温度变化所造成的误差。

（2）变面积型电容式传感器。

变面积型电容式传感器有平板形和圆柱形两种类型，原理图如图 2-2-9 和图 2-2-10 所示。

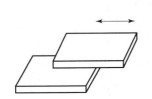
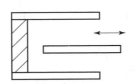
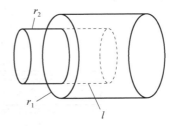

图 2-2-9 平板形变面积型电容式传感器　　图 2-2-10 圆柱形电容式传感器

平板形结构对极距变化特别敏感，对测量精度影响较大，而圆柱形结构受极板径向变化的影响很小，故已成为实际中最常采用的结构。在圆柱形电容式传感器中，当忽略边缘效应时，电容量为

$$C = \frac{2\pi\varepsilon l}{\ln(r_2/r_1)}$$

式中：C——电容；

　　　l——外圆筒与内圆柱覆盖部分的长度；

　　　r_2——圆筒内半径；

　　　r_1——内圆柱外半径。

当两圆筒相对移动 Δl 时，电容变化量为

$$\Delta C = \frac{2\pi\varepsilon l}{\ln(r_2/r_1)} - \frac{2\pi\varepsilon(l-\Delta l)}{\ln(r_2/r_1)} = \frac{2\pi\varepsilon\Delta l}{\ln(r_2/r_1)} = \frac{2\pi\varepsilon l}{\ln(r_2/r_1)}\frac{\Delta l}{l} = C_0\frac{\Delta l}{l}$$

式中：ΔC——变化电容量；

　　　C_0——极距为 δ_0 时的初始电容量；

　　　Δl——移动距离；

　　　l——外圆筒与内圆柱覆盖部分的长度。

变面积型电容传感器具有良好的线性，大多用来检测位移等参数。变面积型电容传感器与变极距型相比，其灵敏度较低。因此，在实际应用中，也采用差动式结构，以提高灵敏

度，如图 2 – 2 – 11 所示。

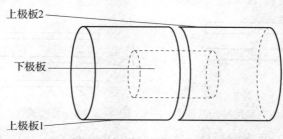

图 2 – 2 – 11　差动式电容式传感器

3）变介电常数型电容式传感器

这类传感器常用于位移、压力、厚度、加速度、液位、物位和成分含量等的测量。此外，还可根据极间介质的介电常数随温度、湿度改变而改变来测量介质材料的温度和湿度等，如图 2 – 2 – 12 所示。

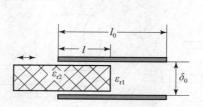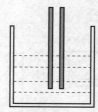

图 2 – 2 – 12　变介电常数型电容式传感器

变介电常数型电容传感器的电容与介质厚度之间的关系为

$$C = \frac{ab}{(\delta - \delta_x)/\varepsilon_0 + \delta_x}$$

式中：a——固定极板长；

　　　b——固定极板宽；

　　　ε——被测物介电常数；

　　　ε_0——两固定极板间隙中空气的介电常数，$\varepsilon_0 \approx 8.86 \times 10^{-12}$ F/m；

　　　δ——两固定极板间的距离；

　　　δ_x——被测物的厚度。

4. 电容式传感器的特点

电容式传感器具有测量范围大、灵敏度高、结构简单、适应性强、动态响应时间短、易实现非接触测量等优点，但电容式传感器在检测时易受干扰和分布电容的影响。目前，由于材料、工艺，特别是测量电路及半导体集成技术等方面已达到了相当高的水平，因此寄生电容的影响得到了较好的解决，使电容式传感器的优点得以充分发挥。

5. 电容式传感器的应用

1）电容式加速度传感器

图 2 – 2 – 13 所示为电容式传感器及由其构成的力平衡式挠性加速度计。对加速度敏感的质量组件由石英动极板及力发生器线圈组成，并由石英挠性梁弹性支撑，其稳定性极高。固定于壳体的两个石英定极板与动极板构成差动结构；两极面均镀金属膜形成电极。由两组

对称 E 形磁路与线圈构成的永磁动圈式力发生器互为推挽结构，大大提高了磁路的利用率和抗干扰性。

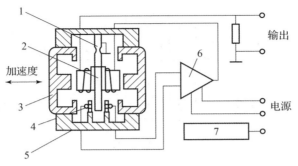

图 2-2-13 电容式挠性加速度传感器

1—挠性梁；2—质量组件；3—磁回路；4—电容传感器；5—壳体；6—伺服电路；7—温度传感器

工作时，质量组件对加速度敏感，使电容传感器产生相应输出，经测量（伺服）电路转换成比例电流输入力发生器，使其产生一电磁力与质量组件的惯性力精确平衡，迫使质量组件随被加速的载体而运动。此时，流过力发生器的电流精确反映了被测加速度值。

2）电容式压力传感器

图 2-2-14 所示为大吨位电子吊秤用电容式称重传感器，扁环形弹性元件内腔上下平面上分别固定有电容传感器的定极板和动极板，称重时，弹性元件受力变形，使动极板位移，导致传感器电容量变化，从而引起由该电容组成的振荡频率发生变化；频率信号经计数、编码，传输到显示部分。

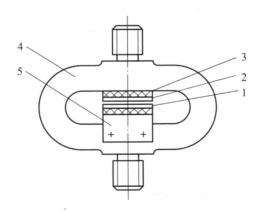

图 2-2-14 电容式称重传感器

1—动极板；2—定极板；3—绝缘材料；4—弹性体；5—极板支架

图 2-2-15 所示为一种典型的小型差动电容式压力传感器结构，其是采用在玻璃基片上镀有金属层的球面极片作为电容的两个固定极板；采用加有预张力的不锈钢膜片作为感压敏感元件，同时也是可变电容的活动极板。在压差作用下，膜片凹向压力小的一面，导致电容量发生变化。球面极片（图中被夸大）可以在压力过载时保护膜片，并改善性能。其灵敏度取决于初始间隙，间隙越小，灵敏度越高；其动态响应主要取决于膜片的固有频率。

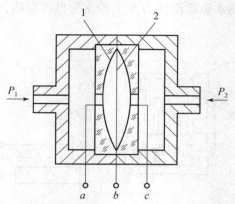

图2-2-15　电容式压力传感器

1—定极板；2—膜片

3）FCX 硅微电容式差压传感器

近年来，随着微电子技术、微处理器技术以及现场总线技术的发展，出现了硅微电容式差压传感器。它采用硅基 MEMS 技术（以硅为基础，采用微加工技术及微封装技术），其特点是体积小（外形尺寸为毫米量级）、一致性好、弹性滞后小、温度特性好、零点稳定，且热膨胀系数只有不锈钢的1/4。FCXA Ⅱ型硅微电容式差压传感器结构如图2-2-16 所示。

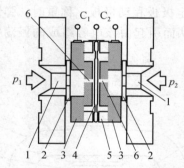

图2-2-16　FCXA Ⅱ型硅微电容式差压传感器结构

1—压力接口；2—陶瓷环；3—硅微加工固定膜片（定极板）；3—硅微加工测量膜片（动极板）；

5—SiO₂ 绝缘层；6—金属化通孔

在单晶硅薄片上，经等离子刻蚀、扩散等一系列微机械电子加工过程，构成硅微电容式差压传感器的3个电极。中间电极称为动极板，又称测量膜片，其外缘加工出沟状薄层，可以使中央部位单晶硅膜片的位移接近于平移。测量膜片的左、右两侧加工出圆片状的固定电极，称为定极板。3 片电极之间由 SiO_2 绝缘，构成差动电容。被测压力 p_1、p_2 作用于传感器内部的导压液，通过左、右固定极板中央的"金属通孔"作用到测量膜片的两个侧面。当压力 p_1、p_2 不相等时，测量膜片便产生与压力差成正比的位移，于是一边的电容减小，而另一边的电容增大。在满量程时测量膜片的位移只有几个微米，所以这种压力传感器的位移与压力的线性关系好，准确度高。

4）电容式触摸屏

图2-2-17 所示为一种常见的电容式触摸屏结构。电容式触摸屏技术是利用人体的电

流感应进行工作的。电容式触摸屏是 4 层复合玻璃屏结构，最外层是一层抗磨损聚酯薄膜保护层，玻璃屏的内表面以及最外层各涂有一层导电 ITO 涂层。夹层 ITO 涂层是工作面，4 个角上引出 4 个电极，玻璃屏内表面 ITO 为信号屏蔽层。当用手指触摸电容屏时，由于人体存在电场，手指和触摸屏表面就形成一个耦合电容，因为使用时工作面上接有高频信号，且根据电容隔直通交的特性，于是手指就通过该电容从接触点吸收走一个很小的电流，即影响了屏 4 个角上电极中流出的电流值，控制器通过对 4 个电流比例的精密计算，得出触摸点的位置。触摸屏可以达到 99% 的精确度，具备小于 3 ms 的响应速度。

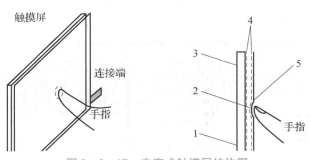

图 2-2-17　电容式触摸屏结构图

1—绝缘透明胶点；2—接触点；3—ITO 玻璃；4—导电 ITO 涂层（内层）；5—抗磨损聚酯薄膜

任务二　使用电容式压力表

电容式压力变送器主要由测压元件传感器（也称作压力传感器）、测量电路和过程连接件三部分组成，它能将测压元件传感器感受到的气体、液体等物理压力参数转变成标准的电信号（如 DC 4~20 mA 等），以供给指示报警仪、记录仪、调节器等二次仪表进行测量、指示和过程调节。

1. 电容式压力表的工作原理

电容式压力变送器被测介质的两种压力通入设备内高、低两个压力室，作用在敏感元件的两侧隔离膜片上，通过隔离膜片和元件内的填充液传送到测量膜片两侧。电容式压力变送器是由测量膜片与两侧绝缘片上的电极各组成一个电容器。当两侧压力不一致时，致使测量膜片产生位移，其位移量和压力差成正比，故两侧电容量就不等，通过振荡和解调环节，转换成与压力成正比的信号。电容式压力表内部结构如图 2-2-18 所示。

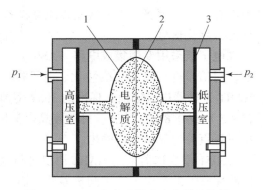

图 2-2-18　电容式压力表内部结构图

1—固定弧形极板；2—测量膜片；3—隔离膜片

2. 压力表的选型

在被测压力波动较大的情况下（例如往复泵出口），最大压力值不应超过压力表满量程的 1/2，否则易产生弹性后效；最小压力值最好不要低于压力表满量程的 1/3，否则将增加测量误差。在被测压力较稳定的情况下，最大压力值不应超过满量程的 2/3；为了减小测量误差，被测压力不应低于满量程的 1/3；在测量高压（10 MPa 以上）时，最大过程压力不应超过量程的 3/5。

3. 3051 型电容式压力变送器的安装与校正

3051 型变送器的主要部件为传感膜头、电子线路板及信号传输装置等。传感器模块中包括充油传感器系统（隔离膜片、充油系统和传感器）以及传感器电子元件。3051 型压力（差压）变送器内有一隔离膜片，压力（差压）信号的变化经变送器内含的一种灌充液（硅油与惰性液）通过隔离膜片转换为电容信号的变化传送至压力传感膜头，压力传感膜头将输入的电容信号直接转换成可供电子板模块处理的数字信号，再经电子线路处理转化为二线制 DC 4~20 mA 模拟量输出。3051 型电容式压力变送器实物及电路结构如图 2-2-19 所示。

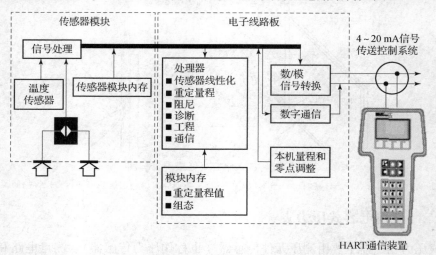

图 2-2-19　3051 型电容式压力变送器实物及电路结构

3051 系列变送器传感膜头与过程介质和外部环境保持机械、电气及热隔离，可释放传感器杯体上的机械应力，提高静压性能。3051 型传感器膜头还可进行温度测量，用于进行温度补偿。传感膜头内的线路板能将输入的电容与温度信号转换成可供电子板模块进一步处理的数字化信号。

电子板采用专用集成电路（ASIC），该板接受来自传感膜头的数字输入信号及其修正系数，对信号进行修正与线性化。电子板模块的输出部分将数字信号转为模拟量输出，并与 HART 手操器进行通信。标准的 3051 型模拟量输出为 4~20 mA；低功耗变送器为电压输出（1~5 V 或 0.8~3.2 V）。可选液晶表头插在电子板上，以压力、流量或液位工程单位或模拟量程百分比显示数字输出。

3051 型变送器采用 HART 协议进行通信，在模拟量输出上叠加高频信号，能在不影响回路完整性的情况下实现同步通信和输出。测量过程中的组态数据存储于变送器电子板的永久性 EEPROM 中，变送器掉电后，数据仍可保存，故而上电后变送器能立即工作。同时测量过程中变量以数字式数据存储，芯片可以自主进行精确修正和工程单位的转换。信号经修正后的数据可转换为模拟输出信号。通过 HART 手操器可以直接存取传感器读数，不需要经过数/模转换，以得到更高精度。

此外使用 HART 手操器可以方便地对 3051 型变送器的工作参数进行读取和修改，可修改的参数有零点与量程设定点、线性与平方根输出、阻尼、工程单位选择等。

3051 型 4~20 mA 变送器校验接线图如图 2-2-20 所示。

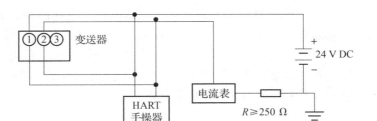

图 2 – 2 – 20　3051 型变送器接线图

安装好后，3051 型智能变送器的校验分三步进行：重设量程，即在所需压力下设定 4 mA 和 20 mA 点；传感器微调，即调整工厂特性化曲线，使在特定压力范围内变送器具有最佳性能；模拟输出微调，即调整模拟输出，使之与工厂标准或者控制回路相匹配。

项目三　利用压电式传感器测力

本项目中主要学习压电式传感器的工作原理、特点、应用及常用的压电材料，认识压电式传感器的外观和结构，会用压电式传感器进行压力的测量。

我国的陶瓷在现代工业中又焕发出了新的生命力。特种陶瓷在现代工业生产、科研、生活中应用很广，本项目中用到的材质之一就属于特种陶瓷。请你查找资料，向同学们介绍下特种陶瓷的种类以及应用场合。

任务一　认识压电式传感器

压电式传感器是以某些电介质的压电效应为基础，在外力作用下，在电介质的表面上产生电荷，从而实现非电量测量。压电式传感器的敏感元件是力敏元件，所以它能测量最终能变换为力的那些物理量，例如力、压力、加速度等。图 2 – 3 – 1 所示为常用的压电式传感器。

图 2 – 3 – 1　常用的压电式传感器

1. 压电效应

某些电介质在沿一定方向上受到外力的作用而发生变形时，其内部会产生极化现象，同时在它的两个相对表面上会出现正负相反的电荷。当外力去掉后，它又会恢复到不带电的状态，这种现象称为正压电效应。当作用力的方向发生改变时，电荷的极性也随之改变。相反，当在电介质的极化方向上施加电场，这些电介质也会发生形变，在电场去掉后，电介质的变形随之消失，这种现象称为逆压电效应，或称为电致伸缩现象。压电效应的示意图如图 2-3-2 所示，压电效应的可逆性如图 2-3-3 所示。压电式传感器就是利用压电材料的压电效应制成的传感器，其常用的基本测量电路是电荷放大电路。

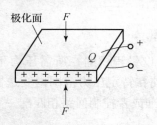

图 2-3-2　压电效应示意图

图 2-3-3　压电效应的可逆性

2. 常用压电材料

在自然界中大多数晶体都具有压电效应，但压电效应十分微弱。常用的压电材料有压电晶体、压电陶瓷和新型压电材料等。

1）压电晶体

石英晶体是一种具有良好压电特性的压电晶体，如图 2-3-4 所示。其介电常数和压电系数的温度稳定性相当好，在常温范围内这两个参数几乎不随温度变化。石英晶体的突出优点是性能非常稳定，机械强度高，绝缘性能也相当好。但石英材料价格昂贵，且压电系数比压电陶瓷低得多。因此一般仅用于标准仪器或要求较高的传感器中。因为石英是一种各异性晶体，因此，按不同方向切割的晶片，其物理性质（如弹性、压电效应、温度特性等）相差很大，在设计石英传感器时，应根据不同使用要求正确地选择石英片的切型。

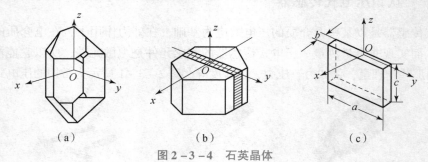

（a）　　　　　　　　（b）　　　　　　　　（c）

图 2-3-4　石英晶体
（a）晶体外形；（b）切割方向；（c）晶片

实验表明，石英晶体沿 x、y 轴方向上受力，有压电效应，而在 z 轴方向上无任何压电效应。

2）压电陶瓷

压电陶瓷是一种经极化处理后的人工多晶铁电体。所谓"多晶"，是指由无数细微的单晶组成；所谓"铁电体"，是指具有类似铁磁材料磁畴的"电畴"结构。每个单晶形成单个电畴，无数个单晶电畴的无规则排列，致使原始的压电陶瓷呈现各向同性，而不具有压电性，如图 2-3-5（a）所示。要使之具有压电性，必须做极化处理，即在一定温度下对其施加强直流电场，迫使"电畴"趋向外电场方向做规则排列，如图2-3-5（b）所示；在极化电场去除后，趋向电畴基本保持不变，形成很强的剩余极化，从而呈现出压电性，如图2-3-5（c）所示。

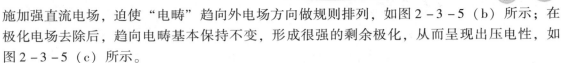

加直流电场

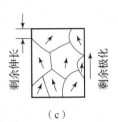

受电场作用伸长

剩余伸长　　剩余极化

（a）　　　　　　　（b）　　　　　　　（c）

图2-3-5　压电陶瓷极化处理

（a）极化前；（b）极化；（c）极化后

压电陶瓷具有：压电系数大，灵敏度高；制造工艺成熟，可通过合理配方和掺杂等人工控制来达到所要求的性能；成型工艺性好，成本低廉，利于广泛应用等优点。压电陶瓷除有压电性外，还具有热释电性，因此它可制作热电传感器件而用于红外探测器中。但作压电器件应用时，会给压电传感器造成热干扰，降低稳定性。所以，对高稳定性的传感器，压电陶瓷的应用受到限制。

3）新型压电材料

新型压电材料可分为压电半导体和有机高分子压电材料两种。硫化锌（ZnS）、碲化镉（CeTe）、氧化锌（ZnO）、硫化镉（CdS）等压电半导体材料显著的特点是：既具有压电特性，又具有半导体特性。因此既可用其压电性研制传感器，又可用其半导体特性制作电子器件；也可以两者合一，集元件与线路于一体，研制成新型集成压电传感器测试系统。

有机高分子压电材料是一种柔软的压电材料，主要包括：某些合成高分子聚合物，经延展拉伸和电极化后具有压电性的高分子压电薄膜，如聚氟乙烯（PVF）；以及高分子化合物中掺杂压电陶瓷PZT或$BaTiO_3$粉末制成的高分子压电薄膜等。它们可根据需要制成薄膜或电缆套管等形状，经极化处理后就显现出电压特性。有机高分子压电材料具有不易破碎、防水性好、可以大量连续拉制等特点，在一些不要求测量精度的场合，例如水声测量、防盗、振动测量等领域中获得广泛应用。

3. 压电式传感器的特点

目前，利用正压电效应制成的压电式传感器主要用于脉动力、冲击力、振动等动态参数的测量。迄今在众多形式的测振传感器中，压电加速度传感器占80%以上。这种传感器灵敏度和分辨率高，线性范围大，结构简单、牢固，可靠性好，寿命长；体积小，质量轻，刚度、强度、承载能力和测量范围大，动态响应频带宽，动态误差小；易于大量生产，便于选用，使用和校准方便。压电式传感器适用于近测、遥测、动态力测量、冲击力测量和短时间作用的静态力测量。

基于逆压电效应的超声波发生器（换能器）是超声检测技术及仪器的关键器件。同时利用压电陶瓷的逆压电效应来实现微位移，可不必像传统的传动系统那样，须通过机械传动机构把转动变为直线运动，从而避免了机构造成的误差，而且具有位移分辨力极高（可达

10～5 μm 级）、发热少、无杂散磁场等特点。此外，逆压电效应还可用作力和运动（位移、速度、加速度）发生器及压电驱动器。

压电式传感器的缺点是某些压电材料需要防潮措施，而且输出的直流响应差，故需要采用高输入阻抗电路或电荷放大器来克服这一缺陷。

4. 压电式传感器的应用

压电式传感器可以直接用于测力或测量与力有关的压力、位移、振动加速度等。

1）压电式压力传感器

根据使用要求不同，压电式测压传感器有各种不同的结构形式。按弹性敏感元件和受力机构的形式可分为膜片式和活塞式两类。

图 2-3-6 所示为膜片式测压传感器简图，它由引线 1、壳体 2、基座 3、压电晶片 4、受压膜片 5 及导电片 6 组成。压电元件支撑于壳体上，当膜片 5 受到压力 P 的作用后，则在压电晶片 4 上产生电荷，此电荷经电荷放大器与测量电路放大和变换阻抗后就成为正比于被测压力的电信号。这种传感器的特点是体积小、动态特性好、耐高温等。

2）压电式加速度传感器

压电式加速度传感器的结构一般有纵向效应型、横向效应型和剪切效应型 3 种，其中纵向效应型是最常见的，如图 2-3-7 所示。压电陶瓷 4 和质量块 2 为环形，通过螺母 3 对质量块预先加载，使之压紧在压电陶瓷上；测量时，将传感器基座 5 与被测对象牢牢地紧固在一起；输出信号由电极 1 引出。

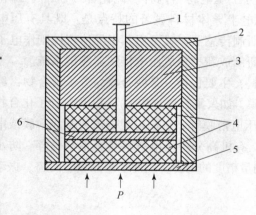

图 2-3-6　膜片式测压传感器

1—引线；2—壳体；3—基座；4—压电晶片；

5—受压膜片；6—导电片

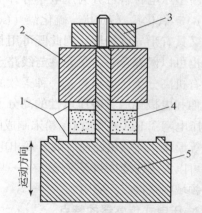

图 2-3-7　纵向效应型加速度传感器

1—电极；2—质量块；3—螺母；

4—压电陶瓷；5—基座

当传感器感受振动时，因为质量块相对被测体质量较小，因此质量块感受与传感器基座相同的振动，并受到与加速度方向相反的惯性力，此力为 $F = ma$。同时惯性力作用在压电陶瓷片上产生电荷。传感器输出的电荷与加速度成正比，因此，测出加速度传感器的输出电荷便可知道加速度的大小。

3）压电式测力传感器

图 2-3-8 所示为压电式测力传感器简图。图 2-3-8 中两片电荷极性相反的压电片安

装在钢壳中，压电片之间的导电片为一电极，钢壳为另一电极，作用力 F 通过上盖均匀地传递到压电片时，两电极即产生电势差。这种传感器具有轻巧、频率响应范围宽等特点，适用于测量动态力、冲击力和短时间作用的静态力等。该传感器输出信号小、输出阻抗高，所以一般利用前置放大器把传感器输出信号放大，并将传感器的高阻抗输出变换为低阻抗输出，其测量上限值为数千至数百万牛顿。

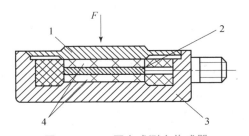

图 2 – 3 – 8　压电式测力传感器

1—上盖；2—导电片；3—钢壳；4—压电片

4）压电式流量计

图 2 – 3 – 9 所示为压电式流量计示意图，它利用超声波在顺流方向和逆流方向的传播速度进行测量。其测量装置是在管外设置两个相隔一定距离的收发两用压电超声换能器，每隔一段时间（如 1/100 s），发射和接收互换一次。在顺流和逆流的情况下，发射和接收的相位差与流速成正比，根据这个关系，可精确测定流速，流速与管道横截面积的乘积就等于流量。此流量计可测量各种液体的流速，以及中压和低压气体的流速，且不受该流体导电率、黏度、密度、腐蚀性以及成分的影响，其准确度可达 0.5%，有的可达到 0.01%。

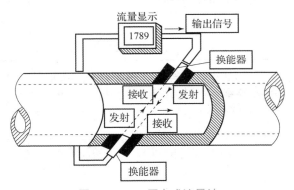

图 2 – 3 – 9　压电式流量计

5）集成压电式传感器

集成压电式传感器是一种高性能、低成本动态微压传感器。它采用压电薄膜作为换能材料，动态压力信号通过薄膜变成电荷量，再经传感器内部放大电路转换成电压输出。该传感器具有灵敏度高、抗过载及冲击能力强、抗干扰性好、操作简便、体积小、质量轻、成本低等特点，广泛应用于医疗、工业控制、交通、安全防卫等领域。如图 2 – 3 – 10 所示的脉搏计就是集成压电式传感器在医疗领域的应用。

图 2 – 3 – 10　脉搏计中用到的
压电式传感器

任务二　制作简易压电式传感器

1. 压电陶瓷片基本原理

压电陶瓷片是用锆钛酸铅或铌镁酸铅压电陶瓷材料制成的。常见的压电陶瓷片都加工成很薄的圆片形状，在陶瓷片的两面镀上银电极，经极化和老化处理后，再将两片陶瓷片同心地粘在圆形弹性铜片的两面（也有用不锈钢片的）。压电陶瓷片的两引脚方式是将铜片作为一个电极，两片陶瓷片的涂银面用引线连起来作为另一个电极。其实物图及电路符号如图 2 - 3 - 11 所示。

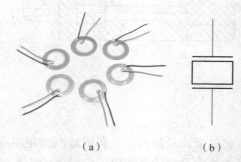

（a）　　　　　　　　　　　　　　（b）

图 2 - 3 - 11　压电陶瓷片实物图及电路符号

(a) 压电陶瓷片实物图；(b) 压电陶瓷片电路符号

压电陶瓷片的阻抗一般都在 10 kΩ 左右，用作声电传感器时，可以不用阻抗匹配，直接接到放大电路的输入端。但压电陶瓷片质脆易碎，低频响应差。

压电陶瓷片的规格、型号和外形没有统一的标准。表 2 - 3 - 1 列出了三种压电陶瓷片的主要参数。

表 2 - 3 - 1　压电陶瓷片的主要参数

型号	发声元件直径 /mm	压电陶瓷片直径/mm	发声元件厚度 /mm	谐振频率 /kHz	谐振电阻值 /Ω	静电容量 /pF
HTD20A - 1	20	14	0.4	6	≤150	< 20 000
HTD27A - 1	27	20	0.55	4.5	≤150	< 30 000
HTD35A - 1	35	25	0.55	2.9	≤150	< 40 000

压电陶瓷片是利用压电效应来进行工作的，当对其施加交变电压时，它会产生机械振动；反之，当对其施加机械作用力时它会产生电压信号，故可以将压电陶瓷片作为声电（或振动）传感器使用。它的转换效率高，结构简单，消耗功率小，制作成本低。压电陶瓷片很薄，安装使用十分方便。

压电陶瓷片在受到机械作用力时产生的电压信号很微弱，作声或振动拾取传感器使用时，一般应与电压放大器配合使用。常见的电压放大器有晶体管单管放大电路运算放大器单、电源放大电路运算放大器、双电源放大电路 COMS 数字放大器。

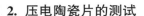

2. 压电陶瓷片的测试

压电陶瓷片的测试：将万用表拨至 2.5 V 直流电压挡，左手拇指与食指轻轻握住压电陶瓷片的两面，右手持两支表笔，红表笔接金属片接线端子，黑表笔接陶瓷表面接线端子，眼睛注视仪表指针；然后左手拇指与食指稍用力压紧一下，随即放松，压电陶瓷片上就先后产生两个极性相反的电压信号，使指针先是向右摆一下，接着返回零位，又向左摆一下，然后回零，摆动幅度为 0.1 ~ 0.15 V。在压力相同的情况下，摆幅越大，压电陶瓷片的灵敏度越高。若表针不动，则说明压电陶瓷片内部漏电或者破损。压电陶瓷片测试图如图 2 – 3 – 12 所示。

图 2 – 3 – 12 压电陶瓷片测试图

交换两支表笔位置后重新试验，指针摆动顺序应为：向左摆→回零→向右摆→回零。

注意事项：

（1）如果用交流电压挡，就观察不到指针摆动情况，这是由于所产生的电压信号变化较缓慢。

（2）检查之前，首先用"R×1k"或"R×10k"挡测量绝缘电阻，应为无穷大，否则证明漏电。压电陶瓷片受强烈振动而出现裂纹后，可用电烙铁在裂纹处薄薄地涂上一层焊锡，一般能继续使用。

（3）检查时用力不宜过大、过猛，更不得弯折压电陶瓷片；勿使表笔头划，以免损坏陶瓷片。

（4）若在压电陶瓷片上一直加恒定的压力，由于电荷不断泄漏，故指针摆动一下就会慢慢地回零。

上述实验说明，压电陶瓷在受力的情况下能产生电压信号，而且力的方向改变。电压型号的极性改变而力不改变（静力）时，无电压信号，即压电晶体是一个力—电转换器件，而且力必须是动态的。

3. 利用压电陶瓷片测力

压电陶瓷元件特别适合测量变化剧烈的冲击力。搭建如图 2 – 3 – 13 电路，尝试采用压电陶瓷片来体会动态测量力的特性。

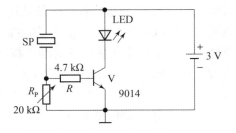

图 2 – 3 – 13 压电效应实验电路

采用可调电阻、晶体管、碳膜电阻、发光二极管与压电陶瓷搭建电路，电路中采用基本的单管共发射极放大电路，由传感器 SP 及 R、R_P 构成分压电路，当 V 基极电流 I_b 发生变化，且 $U_{be} \geq 0.7$ V 时，三极管 V 导通，驱动发光二极管 LED 发光。V 基极上接的 4.7 kΩ 电阻为保护电阻，保护三极管的发射结，以免短路时 I_b 电流过大而损坏器件。

压电效应实验电路连接好后，用手指轻轻敲击或碰撞压电陶瓷片 SP 时，由于 SP 受力发生形变而产生电荷，机械能转换成电信号，V 饱和导通，LED 亮，再将压电陶瓷片 SP 镀银表面向内、黄铜面向上，寻找物体（不能过重以免损坏器）从高处（不需要太高）自由落下，撞击压电陶瓷片黄铜面，可以"击"发 LED 发光，微调电阻 R_P 可调整触发灵敏度。

若将发光二极管 LED 换成直流 5 V 电压表，用手指按压压电陶瓷片 SP，则可观察表针的摆动变化过程。

 知识拓展

秤的由来和生产线自动称重系统

1. 秤的由来

相传范蠡在经商中发现，人们在市场买卖东西都是用眼估计，很难做到公平交易，便产生了创造一种测定货物重量的工具的想法。一天，范蠡在经商回家的路上，偶然看见一个农夫从井中汲水，方法极其巧妙：在井边竖一个高高的木桩，再将一横木绑在木桩顶端；横木的一头吊木桶，另一头系上石块，此上彼下，轻便省力。范蠡顿受启发，急忙回家模仿起来：他用一根细而直的木棍钻上一个小孔，并在小孔上系上麻绳，细木的一头拴上吊盘，用以装盛货物，一头系一鹅卵石作为砣；鹅卵石搬动得离绳越远，能吊起的货物就越多。于是他想：一头挂多少货物，另一头鹅卵石要移动多远才能保持平衡，必须在细木上刻出标记才行。但用什么东西做标记好呢？范蠡苦苦思索了几个月，仍不得要领。一天夜里范蠡外出小解，一抬头看见了天上的星宿，便突发奇想，决定用南斗六星和北斗七星做标记，他设计每一颗星代表一两重，正好是十三颗星代表十三两重。

陶朱公认为用秤称量物品就是为了诚实守信、公平正义、不欺骗顾客，怎样才能起到人人都能自觉遵守"不相欺"的道义呢？

他经过苦思冥想后又设立了福、禄、寿三颗星，用来警示人们在使用秤的时候自我约束，诚实守信。这样，这杆秤正好十六颗星代表十六两（一斤），这就是"十六两秤"的来历。为了进一步明确秤的用途和寓意，陶朱公专门给秤的各个部位起了很好听的名字，寓意深刻，教育意义深远，让人只要用手提起秤，就感受到沉甸甸的分量，所称的不仅仅是物品，更体现的是人品和道德。秤杆叫"衡"，秤杆下面垂着的那个秤砣叫作"权"。我们平常所说的"权衡"这个名词就是从这儿来的。陶朱公根据轩辕星座设定的秤砣，是"权"属星宿，所以把秤砣叫"权"，是主雷雨之神，我国是农业大国，人们追求的是风调雨顺、百姓安康，正有此寓意。因此以"权"属星宿为秤砣，它的重要意义不言而喻。秤杆是按紫微星制造的，位于北斗星斗勺北端，分两列排序，这种排序更需公正平衡。若紫微公正，则天下太平，社稷平安兴旺。因此以"衡"为秤杆，意义更加重要。

2. 生产线自动称重系统

在现代化很多产品生产中称重的准确度是产品的重要质量指标之一，它直接影响生产厂家的经济效益和消费者的利益。由于机械秤有灵敏度低、存在机械死区、精确度差、控制动作慢的缺点，故所造成的机械误差比较大。随着机械自动化水平的不断提高，自动控制技术在生产称重中应用越来越多，在粮食、化肥、饲料和轻工业等行业中都有广泛应用。称量技术的发展大致经历了手工称重、继电器控制、称重仪表控制、PLC 控制等几个阶段。相对于传统的称重仪表控制，现今电子称重技术是集机械、电子、材料、信息、管理为一体的综合技术，是一项系统工程。应用 PLC 和触摸屏组成的控制系统便于将开关设置、复位操作以及设定和修改系统参数功能进行有机结合，提高机器的速度和精度。

　　自动称重机器多应用在食品、五金、化妆品、医药行业的重量检测，主要作用是对产品缺件、欠重、超重、附件缺失、净含量不足等进行检测。如果发现其重量小于正常重量范围，此时，安装在自动检重秤后面的剔除装置将根据检重秤发出的信号从生产线上移除不合格的产品。

　　根据实际生产需求，设计了基于 PLC 的传送带输料自动称重系统，如图 2 - 4 - 1 所示。本系统由 PLC、称重仪表及传感器、触摸屏、电磁阀、步进电动机及其驱动器等构成。PLC 通过 RS - 232C 口实现与触摸屏串行通信，使用 MCGS 组态软件设计触摸屏界面，操作人员通过触摸屏设置传送速率、总重量、分重量、允许误差等参数，还可以实时监控工作情况；PLC 实时采集称重仪表 IND331 传出的 4 ~ 20 mA DC 电流信号，并将其转换为物料重量，从而控制下料电磁阀的开或关；PLC 输出脉冲为步进电动机的控制信号，控制步进电动机旋转以拖动传送带转动，完成输送物料过程。

　　配料系统以系统的精度为首要目标，所以为了提高系统的精确度，常采用动态运输、静态称重的称重方式。机械部分、称重传感器部分和电气仪表部分这三大部分构成了传送带输料自动称重系统。

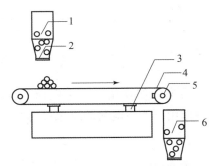

图 2 - 4 - 1　传送带输料自动称重系统示意图

1—上料罐；2—阀门；3—称重传感器；4—皮带；5—步进电动机；6—下料罐

　　机械部分主要由环形传送带、支撑架、传送带自动纠偏装置、滚轮、传动装置和 316 不锈钢主体构成。

　　称重传感器位于支撑架上，用于将传送带上物料实时的质量信号转换为电信号，并以模拟量输出的形式传送到 PLC 和电气仪表上。传感器部分是整个系统至关重要的组成部分，传感器的精度直接限制了系统精度。为了提高系统的精度，传感器的挑选和使用就格外重要。综合现场环境和企业的生产精度要求，选用梅特勒—托利多公司生产的 IND331 式称重仪表。

　　电气仪表部分包括电气控制柜、现场操作柜、指示灯、电磁阀、触摸屏、步进电动机等。该设备控制方式分为室内控制和现场控制两种，安装在控制室的控制柜内装载了 PLC 和触摸屏，是整个传送带输料自动称重系统的控制核心。在实际操作时，操作员通过旋钮更改系统操作方式是手动还是自动、是现场操作还是控制室操作，通过触摸屏更改称重的参数设置，并远程监控实时称重数据。手动操作时通过电气按钮控制电磁阀开关进行放料及传送带正反转进行运料等操作。

该传送带输料自动称重系统以 PLC 为控制系统核心，称重仪表选用梅特勒—托利多工业称重设备 IND331，可以将传送带上物料的重量数据实时转换为电流信号输出，以模拟量的形式上传到控制器作为系统的输入。三相步进电动机是传送带转动的动力来源。人机交互界面选用了操作便捷、触摸灵敏的昆仑通态触摸屏，方便进行参数设置并实时显示称重信息。上位机将配料数据存储在系统数据库内。该系统经现场使用测试，精确度高，抗干扰性强，故障率低，可完美实现物料称重、运输、卸货和数据自动化处理的功能。该系统的投入使用，极大地减轻了工人的负担，提高了工厂的自动化程度，保证了企业生产的质量和效率，为企业创造了可观的经济效益。

思考与练习

1. 填空题

（1）导体、半导体应变片在应力的作用下，其电阻值发生变化，这种现象称为＿＿＿＿＿＿＿＿＿＿效应。

（2）五种传感器常用测量电路是＿＿＿＿＿＿＿＿＿＿＿＿＿＿＿＿＿＿＿＿＿＿＿＿＿。

（3）电桥平衡条件为＿＿＿＿＿＿＿＿＿＿＿＿＿＿。

（4）压式传感器是一种典型的＿＿＿＿＿＿＿＿＿＿式传感器，它以某种电介质的＿＿＿＿＿＿＿＿＿＿为基础。

（5）压电晶体在沿着电轴 x 方向力的作用下产生电荷的现象称为＿＿＿＿＿＿＿＿压电效应，沿着机械轴 y 方向力的作用下产生电荷的现象称为＿＿＿＿＿＿＿＿压电效应。

（6）电容式传感器分为＿＿＿＿＿＿＿＿型、＿＿＿＿＿＿＿＿型和＿＿＿＿＿＿＿＿型三种，其中测量小位移的是＿＿＿＿＿＿＿＿型，测量较大位移的是＿＿＿＿＿＿＿＿型，可用于液位和湿度测量的是＿＿＿＿＿＿＿＿型。

2. 单项选择题

（1）通常用应变式传感器测量（　　　）。

A. 温度　　　　　　　B. 密度　　　　　　　C. 加速度　　　　　　D. 电阻

（2）电桥测量电路的作用是把传感器的参数变化转化为（　　　）的输出。

A. 电阻　　　　　　　B. 电容　　　　　　　C. 电压　　　　　　　D. 电流

（3）根据工作桥臂不同，电桥可分为（　　　）。

A. 单臂电桥　　　　　　　　　　　　　　　B. 双臂电桥

C. 全桥　　　　　　　　　　　　　　　　　D. 全选

（4）在电介质的极化方向上施加交变电场时，会导致主机械发生变形，当去掉外加电场时，电介质变形随之消失，这种现象称为（　　　）。

A. 逆压电效应　　　　　　　　　　　　　　B. 压电效应

C. 电荷效应　　　　　　　　　　　　　　　D. 外压电效应

（5）压式传感器主要用于脉动力、冲击力、（　　　）等动态参数的测量。

A. 移动   B. 振动

C. 温度   D. 压力

（6）压电式传感器是一种典型的（　　）传感器。

A. 红外线   B. 自发电式

C. 磁场   D. 电场

（7）石英晶体是一种性能非常稳定的、良好的（　　）。

A. 压电晶体   B. 振荡晶体

C. 宝石   D. 导体

（8）对于电容式传感器经常做成差动结构的原因，描述错误的是（　　）。

A. 可以减小非线性误差   B. 可以提高灵敏度

C. 可以增加导电性   D. 可以减小外界因素影响

3. 判断题

（1）电阻应变片主要分为金属应变片和半导体应变片两类。（　　）

（2）按供桥电源性质不同，桥式电路可分为交流电桥和直流电桥。（　　）

（3）压电式传感器可以算是一种力敏感元器件。（　　）

（4）压电式传感器主要用于动态力的测量。（　　）

（5）超声波发生器主要应用了正压电效应。（　　）

（6）录音棚里的电容式话筒主要是由变面积型电容式传感器构成的。（　　）

（7）为了改善非线性、提高灵敏度和减小外界因素影响，传感器常做成差动结构。（　　）

（8）变面积型电容式传感器可以测量从几度到几十度的角度。（　　）

（9）变介质型电容式传感器不能测量位移，但可以用来测量材料厚度。（　　）

4. 简答题

（1）什么是应变效应？

（2）传感检测常用的测量电路有哪些？它们的作用是什么？

（3）电桥电路按照电阻值变化的不同可以分为哪几类？并画出相应的电桥电路。

（4）电容式传感器的基本原理是什么？分为几类？

（5）什么是压电效应？压电效应分为哪两种类型？请各举例说明其应用。

（6）为什么说压电式传感器只适用于动态力测量而不适用于静态力测量？

（7）压电式传感器输出信号的特点是什么？它对放大器有什么要求？放大器有哪两种类型？

5. 分析题

分析习题5图，其中的基本测量电路有_____、_____、_____。

问题1：方框（Ⅰ）所示电路中，R_8、R_{w1}的作用是_____。

A. 限流   B. 调节电桥平衡

问题2：方框（Ⅱ）所示电路中，R_{w2}的作用是_____。

A. 限流   B. 调零   C. 调节增益

问题3：方框（Ⅲ）所示电路中，R_{w3}的作用是_____。

A. 限流   B. 调零   C. 调节增益

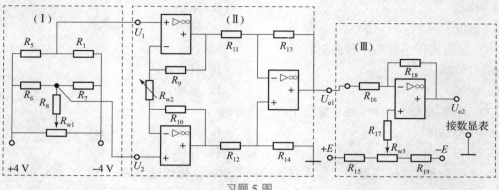

习题 5 图

模块三

温度测量

本模块主要介绍金属热电阻、热敏电阻、热电偶和双金属片的
基本结构、工作过程及应用特点，并能根据工程要求正确安装和使
用相关传感器。

【学习目标】

知识目标

（1）能说出金属热电阻、热敏电阻、热电偶、双金属片的工作
原理及特点；

（2）能说出金属热电阻、热敏电阻、热电偶、双金属片传感器
的分类和应用；

（3）能说出金属热电阻、热敏电阻、热电偶、双金属片传感器
测量温度的范围和应用场合。

能力目标

（1）能够按照电路要求对金属热电阻、热敏电阻、热电偶及双
金属片传感器进行正确接线，并且会使用万用表检测电路；

（2）能够分析温度传感器模块检测到的相关数据；

（3）能根据生产现场实际情况选择合适的温度传感器。

素养目标

（1）具有良好的职业道德，严格遵守本岗位操作规程；

（2）具有良好的团队精神和沟通协调能力；

（3）会用归纳、对比的方法总结学习的知识点。

温度是国际单位制七个基本量之一，是一个与人民生活环境有着密切关系的物理量，是生产、科研、生活中需要测量和控制的重要物理量。温度传感器是实现温度检测和控制的重要元器件。在工业生产中，温度测量点的数量一般占全部测量点的一半左右，例如在钢铁生产、石油炼化中均大规模使用温度传感器。日常生活中，温度传感器也无所不在，如冰箱、空调、洗衣机、微波炉、热水器等。在国防军工、航空航天的科研和生产过程中，温度的精准测量和控制更是不可或缺。

温度传感器统称为热电式传感器，是一种将温度变化转换为电量变化的装置。在各种热电式传感器中，把温度量转换为电势和电阻的方法最为普遍，其中将温度转换为电势的热电式传感器叫热电偶，将温度转换为电阻值的热电式传感器叫热电阻。

项目一 利用金属热电阻测量温度

本项目主要学习金属热电阻的工作原理、特点、应用，认识金属热电阻的外观和结构，会用金属热电阻进行温度的测量。

电阻的阻值会随着温度的变化而变化，请查找资料，向同学们介绍常用的金属，如铜、铁等随着温度变化的公式，并试着总结一下它们都是如何变化的。

任务一 认识金属热电阻

1. 热电阻传感器的基本原理

热电阻效应是指金属或半导体的电阻率随着温度变化而变化的现象，利用热电阻效应制成的传感器称为热电阻式温度传感器。热电阻传感器按电阻温度特性的不同可分为金属热电阻传感器和半导体热电阻传感器两大类，一般把金属热电阻称为热电阻，而把半导体热电阻称为热敏电阻。

金属热电阻是利用金属导体的电阻值随温度的变化而增大的原理制成的，在一定温度范围内，可以通过测量电阻值变化而得知温度的变化，图3-1-1所示为常用的热电阻传感器的外形。

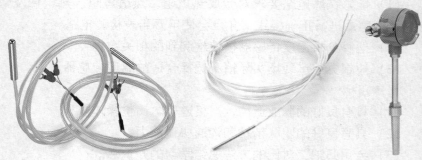

图3-1-1 常用的热电阻传感器的外形

2. 热电阻传感器的常用材料及特点

热电阻传感器是中、低温区最常用的一种温度检测器，它具有测量精度高、性能稳定等特点。热电阻大多由纯金属材料制成，目前应用最多的是铂和铜，此外，现在已开始采用铟、镍、锰和铑等材料制造热电阻。

铂热电阻的阻值与温度之间的关系近似线性，且性能稳定、重复性好，铂热电阻传感器是热电阻传感器中的测量精确度是最高的，被制成标准的基准仪，是一种国际公认的成熟产品，在工业用温度传感器中得到了广泛应用。铂热电阻传感器的测温范围一般为 −200 ℃ ~ 650 ℃。由于铂是贵重金属，因此在一些测量精度要求不高，且测量范围在 −50 ℃ ~ 150 ℃ 的场合，普遍采用铜热电阻传感器进行温度的测量。铜易于提纯，价格低廉，电阻—温度特性曲线的线性度较好，但其电阻率仅为铂的几分之一。因此，铜电阻传感器所用电阻丝细而且长，机械强度较差，热惯性较大，在温度高于 100 ℃ 或腐蚀性介质中采用时易氧化，稳定性较差，只能用于低温及无腐蚀性的介质中。如中低端汽车水箱温度控制常用铜电阻，具有较高的性价比。

温度传感器常用分度号来反映在测量温度范围内温度变化对应传感器电压或者阻值变化的标准数列，即热电阻、热电偶的电阻、电势对应的温度值。例如目前国内常用的工业用铂电阻常用的分度号有 PT10、PT100 两种，表示 0 ℃ 时该铂电阻的阻值为 10 Ω 或 100 Ω；铜电阻常用的有分度号有 Cu50、Cu100 两种，表明 0 ℃ 时该铜电阻阻值为 50 Ω 或 100 Ω。在实际使用时，可根据分度号查相应的分度表以获得 R_t 与 t 的关系。

普通工业用热电阻式温度传感器的结构如图 3 −1 −2 所示，它由热电阻、连接热电阻的内部导线、保护线和绝缘管等组成。

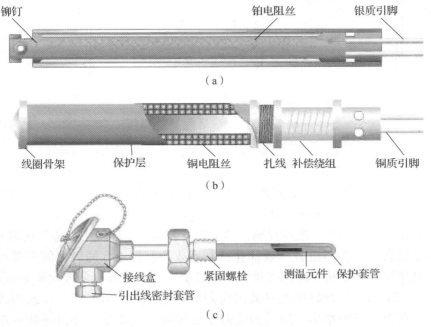

图 3 −1 −2　热电阻式温度传感器结构

(a) 铂电阻结构；(b) 铜电阻结构；(c) 热电阻外形

3. 热电阻传感器的应用

1）热电阻温度计

通常工业上用于测温时常采用铂电阻和铜电阻作为敏感元件，由于热电阻的阻值及其随温度变化的变化值不大，因此测温电路用得较多的是电桥电路。

在热电阻的两端各连接一根导线的连接方式叫二线制。这种引线方法很简单，但由于连接导线必然存在引线电阻 R，其大小与导线的材质和长度等因素有关，且随环境温度变化，造成测量误差，因此这种引线方式只适用于测量精度较低的场合。

在热电阻的根部连接一根引线，另一端连接两根引线的方式称为三线制。这种方式通常与电桥配套使用，热电阻作为电桥的一个桥臂电阻，其连接导线也成为桥臂电阻的一部分。这种方式可以较好地消除热电阻与测量仪表间连接导线因环境温度变化所引起的测量误差，是工业过程控制中最常用的接线方法。

在热电阻根部的两端各连接两根导线的方式称为四线制，其中两根引线为热电阻提供恒定电流 I，把 R 转换成电压信号 U，再通过另两根引线把 U 引至二次仪表。可见这种引线方式可完全消除引线的电阻影响，主要用于高精度的温度检测。

热电阻的几种引线方式如图 3-1-3 所示。

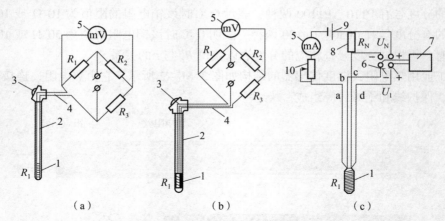

图 3-1-3　热电阻的几种引线方式

（a）两线制；（b）三线制；（c）四线制

1—热电阻感温元件；2，4—引线；3—接线盒；5—显示仪表；6—转换开关；

7—电位差计；8—标准电阻；9—电池；10—滑线电阻

无论采用上述哪种电路，都必须从热电阻感温体的根部引出导线，不能从热电阻的接线端子上引出，否则同样会存在引线误差。

在工业应用中，测量点一般在现场，热电阻安装在生产环境中，感受被测介质的温度变化，而显示设备或者控制设备一般都在控制室或控制柜上，两者之间距离可能为数十至数百米。热电阻与测量桥路之间连接导线的阻值会受环境温度的变化而造成测量误差，为减小误差，可采用三线制转换电路或四线制转换电路等。但采用三线或四线制转换电路意味着信号传输导线的增多，同时四线制变送器和三线制变送器因导线内电流不对称必须使用昂贵的屏蔽线，因此性价比是现场安装时必须考虑的问题。实际工业应用中用三线制居多。

任务二 利用金属热电阻测量温度

1. PT100 热电阻

PT100 热电阻是以铂制作成的电阻式温度检测器，属于正温度系数，其电阻和温度变化的关系式如下：

$$R = R_0(1 + \alpha T)$$

式中：$\alpha = 0.003\ 92$；

    R_0——100 Ω（在 0 ℃ 的电阻值）；

    T——摄氏温度。

如图 3 - 1 - 4 所示，该 PT100 热电阻采用优质不锈钢温度探头（3 × 30）；温度探头与线一体化包裹；铁氟龙管外径为 4.0 mm，引线线长为 2 m；温度测量范围为 - 50 ℃ ~ + 260 ℃，短时间能耐 300 ℃ 高温（只适合短期使用），耐酸碱、防水，适合于电镀、石油、化工等行业中测温；是酸碱行业的常用测温仪表，灵敏度和精确度高；可以用于电镀厂、化工厂、电池厂等需要防腐、耐酸测试温度的场合。

2. 温度变送器

温度变送器是一种将温度变量转换为可传送的标准化输出信号的仪表，而且其输出信号与温度变量之间有一给定的连续函数关系（通常为线性函数）。其主要用于工业过程中温度参数的测量和控制。温度变送器的标准化输出信号一般为工业标准输出信号：0 ~ 10 mA 和 4 ~ 20 mA（或 1 ~ 5 V）的直流电信号。部分特制温度变送器也会具有特殊规定的其他标准化输出信号。

温度变送器接入热电偶或热电阻作为测温元件，从测温元件输出信号送到变送器模块。有些变送器增加了显示单元，有些还具有现场总线功能。温度变送器按测温元件的不同可分为热电偶温度变送器、热电阻温度变送器两大类，目前市面上常见的温度变送器通常既可以接入热电偶又可以接入热电阻进行温度变送，只是接线方式不同，输出的检测方式也不同。热电阻的检测仪表一般是一个不平衡电桥，热电偶的输出检测仪表可以是一个检伏计或为了提高精度而使用的电子电位差计。

图 3 - 1 - 5 所示为常用于 PT100 温度检测的温度变送器，其感温元件为 PT100 热电阻，故也称为热电阻温度变送器；信号转换部分主要由采集模块、信号处理模块和转换单元组成。其也可以接入显示单元成为现场显示型 PT100 热电阻温度变送器。

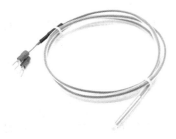

图 3 - 1 - 4 PT100 实物图

图 3 - 1 - 5 温度变送器实物

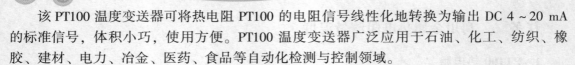

该 PT100 温度变送器可将热电阻 PT100 的电阻信号线性化地转换为输出 DC 4～20 mA 的标准信号，体积小巧，使用方便。PT100 温度变送器广泛应用于石油、化工、纺织、橡胶、建材、电力、冶金、医药、食品等自动化检测与控制领域。

3. 实验步骤

（1）PT100 温度变送器接线图如图 3－1－6 所示。以三线制为例，采用万用表测量，将热电阻三根线中颜色相同的两根线（测得电阻几乎为 0）接入温度变送器的相应接线端子，直流电源和显示仪表接线方法如图 3－1－6 所示。

必须注意热电阻的三根接线端子必须等径、等长度，以保证每根引线的电阻相同。

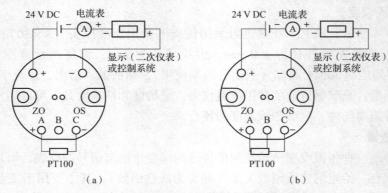

图 3－1－6　PT100 温度变送器接线图

（a）两线输入，电流输出；（b）三线输入，电流输出

（2）将热电阻 PT100 的感温部分置于不同温度的热水中，观察输出电压值的变化。采用二线制、三线制方式分别接线进行温度测量，体会热电阻不同接线方法的区别。

项目二　利用热敏电阻测量温度

在很多公开场合，经常可以见到电子屏动态显示温度，这就是采用热敏电阻进行动态测温的。热敏电阻能测量温度，还能进行温度控制，本项目将学习热敏电阻的基本原理，并尝试应用热敏电阻测量温度。

生活中还有哪些地方用到了温度检测？请你查找资料，向同学们展示一下这些温度测试元件的图片和电路图。

任务一　认识热敏电阻

1. 热敏电阻的基本原理及分类

热敏电阻是利用某种半导体材料的电阻率随温度变化而变化的性质制成的。热敏电阻的种类很多，分类方法也不相同，根据热敏电阻的阻值与温度关系这一重要特性，可以把热敏电阻分为以下两类：正温度系数热敏电阻（PTC）、负温度系数热敏电阻（NTC）。图 3－2－1

所示为热敏电阻的电阻—温度特性曲线。

1）负温度系数的热敏电阻（NTC）

负温度系数热敏电阻的特性曲线如图 3 – 2 – 1 中的曲线 1 和曲线 2 所示。其中曲线 1 的电阻值随温度非线性缓慢变化，这种特性的热敏电阻主要用于测量温度和电子电路、仪表线路的温度补偿。曲线 2 的电阻值随温度变化剧烈，当温度达到某临界值时，其电阻值发生急剧的转变，如图 3 – 2 – 1 中 58 ℃时它的电阻值由约 10 kΩ 剧变为 10 Ω，这种特性的热敏电阻可以做无触点开关。我们把具有开关特性的负温度系数热敏电阻简称为 CTR。

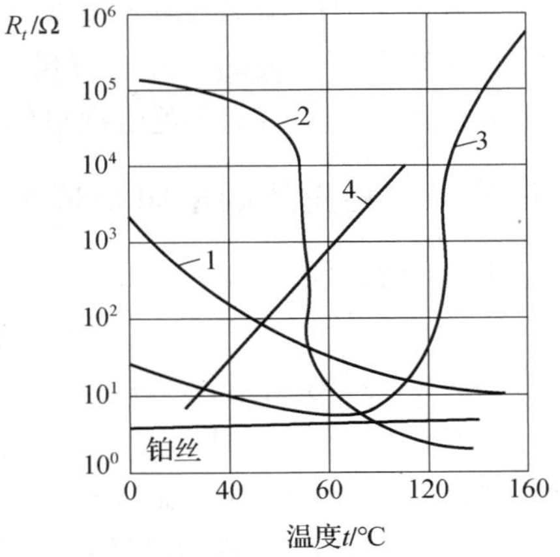

2）正温度系数的热敏电阻（PTC）

图 3 – 2 – 1　热敏电阻的电阻—温度特性曲线
1—NTC；2—CTR；3，4—PTC

正温度系数热敏电阻的特性曲线如图 3 – 2 – 1 中的曲线 3 和曲线 4 所示。曲线 4 变化缓慢，热敏电阻阻值随温度几乎呈线性变化。这种特性的热敏电阻温度范围比较宽，可用于测量温度和进行温度补偿；曲线 3 具有突变特性，可用于恒温加热控制或温度开关。

具有突变特性的热敏电阻一般适合制造开关型温度传感器，用于检测温度是否超过某一规定值。例如，有一种恒温电烙铁，就是利用 PTC 热敏电阻的特性，当温度超过规定值时，电阻变大，电流减小，发热降低，保持电烙铁温度基本不变。缓慢变化的热敏电阻一般适合制造连续作用的温度传感器。

2. 热敏电阻的特点

PTC 热敏电阻的电阻值随温度升高而增大，其主要材料是掺杂 $BaTiO_3$ 的半导体陶瓷；NTC 热敏电阻的电阻值随温度升高而下降，其材料主要是一些掺杂过渡金属氧化物的半导体陶瓷；CTR 热敏电阻的电阻值在某特定温度范围内随温度升高而降低 3~4 个数量级，即具有很大的负温度系数，其主要材料是 VO_2 并添加一些金属氧化物。

热敏电阻的结构形式和形状很多，如图 3 – 2 – 2 所示。

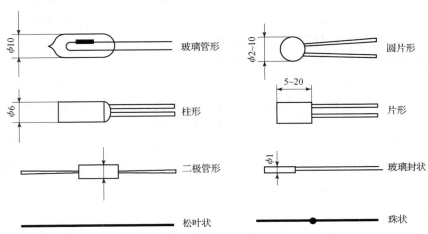

图 3 – 2 – 2　热敏电阻常用的结构形式和形状

61

热敏电阻主要应用于检测温度及电路的温度补偿、电路保护、报警等开关元件中，也用于检测与耗散系数有关的流速、流量、真空度及自动增益电路、RC振荡器稳幅电路中等，PTC热敏电阻还常应用于彩色电视机的消磁电路开关、电冰箱启动开关和空调电辅加热等。

任务二　利用热敏电阻测量温度

1. 热敏电阻类型判断

（1）万用表使用20 kΩ（或200 kΩ）挡，在室温下测量热敏电阻的阻值，并做记录，测试图如图3-2-3所示。

（2）热敏电阻的感温端用手心紧握，1 min后测定其阻值并记录数据。假设体温是37 ℃。

（3）将内置热敏电阻的吸管封口端放入沸水中，过30 s左右测定其阻值并记录数据。沸水温度为100 ℃。

（4）根据实验，将三组数据（温度、阻值）做成表格，根据数据画出热敏电阻的电阻温度特性曲线，并判断热敏电阻的类型。

图3-2-3　热敏电阻阻值测试图

2. 制作简单温控电路

（1）使用热敏电阻、小灯泡、电池、继电器、滑动变阻器和电池组连接电路，如图3-2-4所示。

（2）用万用表测试电路，没有问题后闭合开关S，接通继电器、热敏电阻和电池组，调节滑动变阻器的阻值，使电路中灯泡熄灭。

（3）加热热敏电阻，则可以看到温度较高时灯泡点亮。

（4）放开热源，等待一段时间，可以看到等热敏电阻冷却后灯泡再次熄灭。

该电路在没有加热前，由于热敏电阻的温度较低，它的

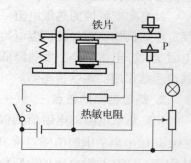

图3-2-4　温控电路图

阻值较大，使通过继电器的电流较小，不足以把铁片吸下来，所以小灯泡中没有电流通过，此时小灯泡是熄灭的；当热敏电阻的温度升高到某一特定值后，它的阻值迅速减小，使通过继电器的电流迅速增大，电磁铁产生较强的磁场将铁片吸下来与触点P连接，将小灯泡与电池组接通，小灯泡发光；当热敏电阻的温度降到某特定温度以下时，它的电阻值迅速增大，使通过继电器的电流减小，铁片被弹簧拉动而离开触点P，小灯泡熄灭。这样，由热敏电阻的温度变化可引起继电器回路的电流变化，从而达到控制小灯泡亮、灭的目的。

该电路要注意调节可调电阻的阻值，配合热敏电阻的变化，过大或过小都有可能导致现象不明显。同样，调节可调电阻阻值可以起到调节和控制温度的作用。

请思考该电路中热敏电阻是什么类型的，思考采用什么类型的热敏电阻更合适。设计某电路，使热敏电阻加热时熄灭灯泡，如果同样采用这些设备该怎么设计；如果改变热敏电阻类型，思考又该如何设计电路。

项目三 利用热电偶测量温度

本项目主要学习热电偶传感器的工作原理、特点、分类、性质及应用，并会用热电偶传感器进行温度的测量。

热电偶常用于工业应用中，请你查找资料，说出热电偶传感器与热电阻、热敏电阻传感器的区别。

任务一 认识热电偶传感器

热电式传感器是一种将温度变化转换为电量变化的装置。在各种热电式传感器中，把温度转换为电势和电阻的方法最为普遍，其中将温度转换为电势的热电式传感器叫热电偶，将温度转换为电阻值的热电式传感器叫作热电阻。热电阻传感器已在项目一和项目二中介绍，本项目主要学习热电偶传感器。图 3 - 3 - 1 所示为常见的热电偶传感器。

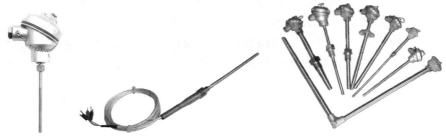

图 3 - 3 - 1 常见的热电偶传感器

1. 热电偶传感器的工作原理

热电偶的测温原理是基于热电效应。将两种不同的导体或半导体连接成闭合回路，当两个接点处的温度不同时，回路中将产生热电势，这种现象称为热电效应，又称为塞贝克效应。

热电效应示意图如图 3 - 3 - 2 所示，将两种不同性质的导体 A、B 组成闭合回路，若接点（1）、（2）处于不同的温度（$T \neq T_0$），则两者之间将产生一热电势，在回路中形成电流，这种现象称为热电效应。

在图 3 - 3 - 2 中，A、B 两导体的组合称为热电偶，A、B 两种导体称为热电极，两个接点在（1）端

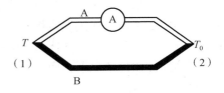

图 3 - 3 - 2 热电效应示意图

称为工作端或热端，其温度为 T；在（2）端称为自由端或冷端，其温度为 T_0。若接点（1）、（2）处于不同的温度（$T \neq T_0$），则两者之间将产生热电势，在回路中形成一定大小的电流，并产生热电势，其电势由接触电势和温差电势两部分组成。实验和理论均证明热电偶回路的热电势主要是由接触电势引起的。

1）接触电势

当两种金属接触在一起时，由于不同导体的自由电子密度不同，故在接点处就会发生电子迁移扩散，失去自由电子的金属呈正电位，得到自由电子的金属呈负电位。当扩散达到平衡时，在两种金属的接触处形成电势，称为接触电势，其大小除与两种金属的性质有关外，还与接点温度有关。

2）温差电势

对于单一金属，如果两端的温度不同，则温度高端的自由电子向低端迁移，使单一金属两端产生不同的电位，形成电势，称为温差电势，其大小与金属材料的性质和两端的温差有关。

2. 热电偶传感器的特点

热电偶是温度测量中应用最广泛的温度器件，它的主要特点是测温范围宽，性能比较稳定，同时结构简单，动态响应好，更能够传送 4 ~ 20 mA 的电信号，便于自动控制和集中控制。

3. 热电偶传感器的分度号

目前国际上应用的热电偶具有一个标准规范，国际上规定热电偶分为 8 个不同的分度，分别为 B、R、S、K、N、E、J 和 T，其测量温度最低可达 −270 ℃，最高可达 1 800 ℃，其中 B、R、S 属于铂系列的热电偶，由于铂属于贵重金属，所以又被称为贵金属热电偶，剩下的几个则称为廉价金属热电偶。根据热电势与温度函数关系，可制成热电偶分度表。分度表是在自由端温度 $T_0 = 0$ ℃ 的条件下得到的。不同分度号的热电偶具有不同的分度表，根据热电偶的分度表可以查出不同热电势下对应的测量温度，很多利用热电偶进行温度测量的仪表就是根据分度表进行刻度的。不同分度号的热电偶对应的分度表可参考相关技术手册。

4. 热电偶回路的主要性质

1）均质导体定律

由一种均质导体组成的闭合回路，不论导体的截面积和长度如何，也不论各处的温度分布如何，都不能产生热电势。

2）中间导体定律

在热电偶回路中，只要中间导体 C 两端温度相同，那么接入中间导体 B，则 C 对热电偶回路总热电势 $E_{AB}(T, T)$ 没有影响，如图 3 − 3 − 3 所示，即用两种金属导体 A、B 组成热电偶测量时，在测温回路中必须通过连接导线接入仪表测量温差电势 $E_{AB}(T, T)$，而这些导体材料和热电偶导体 A、B 的材料往往并不相同。在这种引入了中间导体的情况下，回路中的温差电势是不变的。

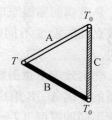

图 3 − 3 − 3　加入中间
导体的热电偶

3）中间温度定律

如图 3 − 3 − 4 所示，当热电偶的两个接点温度为 T_1、T_2 时，热电势为 $E_{AB}(T_1, T_2)$；当两个接点温度为 T_2、T_3 时，热电势为 $E_{AB}(T_2, T_3)$。那么当两接点温度为 T_1、T_3 时，热电势则为

$$E_{AB}(T_1, T_2) + E_{AB}(T_2, T_3) = E_{AB}(T_1, T_3)$$

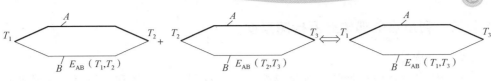

图 3 – 3 – 4　中间温度定律

5. 热电偶传感器的应用

1）炉温的控制

热电偶传感器目前在工业生产中得到了广泛的应用，并且可以选用定型的显示仪表与记录仪来进行显示和记录。图 3 – 3 – 5 所示为利用热电偶测量炉温的系统示意图。

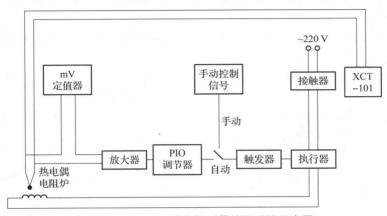

图 3 – 3 – 5　利用热电偶测量炉温系统示意图

在图 3 – 4 – 5 中，由毫伏定值器给出设定温度的相应毫伏值，如热电偶的热电势与定值器的输出值有偏差，则说明炉温偏离给定值，此偏差经放大器送入调节器，再经过晶闸管触发器去推动晶闸管执行器，从而调整炉丝的加热功率，消除偏差，达到温控的目的。

2）盐浴炉的温度控制

盐浴炉是用熔融盐液作为加热介质，将工件浸入盐液内加热的工业炉。盐浴炉在热处理设备中占有重要的位置，它是利用熔盐作为电阻发热体，利用电极将电流引入熔盐中，当电流流过熔盐时，电能便转变为热能而使熔盐温度升高，控制电流的通断或大小即可使熔盐保持一定的温度。盐浴炉的温度控制系统采用单相交流电，使用晶闸管调功模块控制加热功率，即通过控制晶闸管导通与关断的周波数比率，进而达到调功的目的。晶闸管的触发由单片机控制，通过单片机编程实现按预定温度曲线进行加热。盐浴炉温度由热电偶感应，通过信号放大、采样保持、A/D 转换，再由单片机进行数据处理及线性化校正，以实现盐浴炉实际温度的检测和显示。其系统总框图如图 3 – 3 – 6 所示。

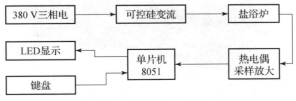

图 3 – 3 – 6　盐浴炉温度控制系统总框图

任务二　利用热电偶传感器检测温度

1. 简易热电偶测试

（1）采用铜丝和康铜丝制作一个简易热电偶。选用一截铜丝和康铜丝，长约 8 cm，将其末端稍微打磨一下，保证良好的接触；将这两段金属丝打磨过的末端按照图 3−3−7 所示拧起来。

（2）将铜丝和康铜丝没有拧在一起的另两端分别接上一段导线，可以用焊接的方式，也可以直接导线接触，保证其接触良好。

（3）将数字万用表拨至 DC 200 mV 挡，将热电偶末端的两段导线接在万用表的两只表笔上，读取此时的电压值。

（4）用酒精灯加热热电偶的工作端（即绞紧连接点），观察万用表电压显示值的变化，记录电压数据，如图 3−3−8 所示。

（5）将酒精灯逐渐远离热电偶，观察并记录电压数值，画出电压变化波形图。

图 3−3−7　简易热电偶制作图

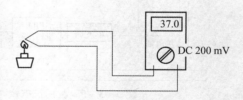

图 3−3−8　热电偶测量图

2. 使用热电偶测温度

图 3−4−9 所示某热电偶温度变送器，也可以用于热电阻温度变送。它可直接安装于热电偶接线盒内，构成热电偶一体化温度变送器，将热电偶（或三线接法的热电阻）的温度信号转化为标准二线制 DC 4~20 mA 的电流输出，输出信号可以供给能够检测 DC 4~20 mA 信号的仪器仪表或者控制系统，如 PLC、单片机或者计算机系统等。该型号热电偶传感器是非隔离型高精度温度变送器，常在需要远距离传送热电偶（或热电阻）信号、现场有较强干扰源或信号需要接入 DCS（集散控制系统，常用于化工、电力等行业）系统时使用，此外还带冷端自动补偿能力。

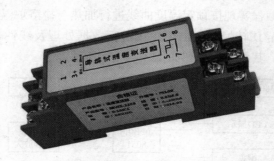

图 3−3−9　SBWZ−2280 型温度变送器实物图

认真观看该温度变送器接线图，如图 3 – 3 – 10 所示，将热电偶的导线接在变送器的对应端子上，显示端可接温控显示表、PLC 等。

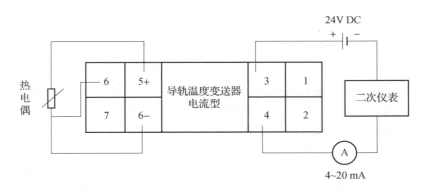

图 3 – 3 – 10　SBWZ – 2280 型温度变送器接线图

接线完成后用万用表检查电路，无误后上电，将热电偶的感温端置于热水中，观察输出值的变化。

3. 热电阻和热电偶的区别与选用

热电阻和热电偶都是接触式测温器件，但它们的测温原理不同。热电偶测量温度的基本原理是热电效应，直接输出信号为电压信号；热电阻是基于导体或半导体电阻值随温度变化而变化的特性工作的，一般需要搭配电桥测量其输出信号。

热电阻和热电偶的测温范围不同，热电偶一般用于 500 ℃ 以上的较高温度的环境，如铂铑（30）—铂铑（6）B 型 II 级测量范围为 800 ℃ ~ 1 700 ℃，短期可测 1 800 ℃。因热电偶在中、低温时输出热电势很小，故而当电势小时，对抗干扰措施和二次仪表的要求很高，否则测量不准确。

此外，在较低的温度区域，冷端温度的变化和环境温度的变化所引起的相对误差就显得很突出。热电阻一般用于测量中、低温度区域，它的测温范围为 – 200 ℃ ~ 500 ℃，甚至还可测更低的温度，如用碳电阻可测到 1 K（ – 272 ℃ ）左右的低温。生产中常使用铂热电阻 PT100。

热电阻测量精度较高，故对测量精度要求较高的选择热电阻，对精度要求不高的选择热电偶。热电偶所测量的一般为"点"温，热电阻所测量的一般为空间平均温度，使用中可根据测量范围进行选择。

项目四　利用双金属片测量温度

本项目主要学习双金属片传感器的工作原理、特点、分类、性质及应用，并会使用双金属片传感器。

双金属片我们在之前的专业课中有过接触，请你说出双金属片应用在哪些器件上，是怎么应用的。

任务一　认识双金属片

1. 双金属片的工作原理

双金属片是由两种或多种具有合适性能的金属或其他材料所组成的一种复合材料，采用膨胀系数相差较大而弹性模量相近的两块金属片（常用的有殷钢和无磁钢）焊接而成，其中，膨胀系数较高的称为主动层，膨胀系数较低的称为被动层。由于各组元层的热膨胀系数不同，故当温度变化时，主动层的形变要大于被动层的形变，从而双金属片的整体就会向被动层一侧弯曲，导致复合材料的曲率发生变化而产生形变。这种双金属片随温度的变化其变形率接近线性，所以可用来测温。随着双金属片应用领域的扩大和结合技术的进步，近代已相继出现三层、四层、五层的双金属片。事实上，凡是依赖温度改变而发生形状变化的组合材料，现今仍习惯性称为热双金属片。

2. 双金属片的应用

双金属片受热时，会因为伸长不一样而发生弯曲变形，利用这种变形特性可使开关接通或断开。双金属片常用镍铁合金和黄铜来制作，并要求具有良好的弹性，以保证温度控制的准确度和重复使用性。图3-4-1所示为双金属片温度继电器的结构示意图。图3-4-1（a）所示为一个封装起来的双金属片温度继电器，它由双金属片、可动触点、固定触点、玻璃壳及引线等组成。当双金属片所感受的温度达到预定的控制温度时，它便会产生形变，从而使可动触点与固定触点断开，起到温控开关的作用。如图3-4-1（b）所示的盒式双金属片温度继电器由双金属片、推杆、触点及外壳等组成，平时继电器的触点处于常闭状态，当双金属片所感受的温度达到预定控制温度时，双金属片在温度的作用下所产生的形变达到压迫推杆向下运动的程度，使触点断开，起到温控开关的作用。

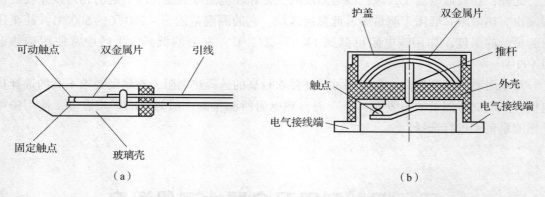

图3-4-1　双金属片温度继电器的结构示意图
（a）封装式双金属片温度继电器；（b）盒式双金属片温度继电器

3. 双金属片温控器的分类

温度继电器又称温控器，主要用于需要自动控制温度的场合，在饮水机、电热开水瓶、暖水袋、热水器、微波炉、电烤箱、洗碗机、电费斗、烘干机等家用电器上均得到了广的应用。除了用于自动温度控制外，温控器还可以用来作为过热保护器件使用，在工业电子设备中得到了广泛应用。

（1）慢动式温控器为早期开发出来的温控产品，分温度可调和温度定值两类，型号分别是 KMT 和 KMD，其中：K 为温控器代号，M 表示慢动式，T 表示温控器使用温度为变值，D 表示温控器使用温度为定值。其工作原理是直接利用双金属片受热或致冷后产生变形位移，使触点离、合，达到接通、断开电路和控制温度的目的。

（2）闪动式温控器是一种新型温控器，基本克服了慢动式温控器的缺点。闪动式温控器分温度可调和温度定值两类，型号分别是 KST 和 KSD，其中：K 为温控器代号，S 表示闪动式，T 表示温控器使用温度为变值，D 表示温控器使用温度为定值。常见的 KST 温控器结构、工作原理同样是利用双金属片的热特性——受热或致冷后发生位移，产生机械能推动储能簧片，其特点是双金属片的冷、热位移并不立即作用于触点，而是在储能簧片上慢慢积累至转折点时，使其突发动作（小于 0.2 s），触点快速离、合，达到接通、断开电路和控制温度的目的。

（3）突跳式温控器是双金属片温控器中又一种新型的温控器，应用于工业电器、电机、家用电器领域，特别是在近几年开发的微波炉、电磁灶、洗碗机、电子消毒柜、电热水瓶、饮水机、豆浆机、冷暖空调扇、食品加工机等小家电中使用更加普遍。

由于双金属片温控器控温较准确、电气性能优良、制作简单和价廉实用，故广泛应用于小家电、电机、整流设备和日用电器之中，其主要用于调温、控温及过热保护等。

任务二　利用双金属片制作报警器

在取暖器、微波炉、电火锅、电热式热水器等电热设备上，普遍采用双金属片温控器来实现温度的调节与控制。双金属片温控器的结构简单、动作可靠、价格低廉，因此广泛应用于各种与温度有关的控制器、保护器，以及温度补偿和程序控制等装置中。

1. 双金属片热特性实验

将双金属片固定在铁架台上，将酒精灯的火焰对准双金属片的某端部直接加热，可以看到它明显地向铁合金一侧弯曲，如图 3－4－2 所示。迅速用钢丝钳取下双金属片放在平面台上可以观察其弯曲程度，停止加热后，随着温度降低，双金属片逐渐恢复平直。将双金属片翻转，用酒精灯烧另一侧，可以看到双金属片仍然向铁合金部分弯曲。

2. 使用双金属片制作报警器

双金属片在实际应用中可以作为温控开关来使用，调节双金属片与触点之间的距离可以控制其反应的温度。

搭建如图 3－4－3 所示电路，此时为温度升高后情景。温度升高后，双金属片触碰触点，继电器得电吸合，右侧的蜂鸣器得电开始报警；当温度降低后，继电器失电，灯重新点亮。

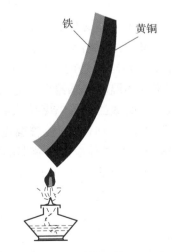

图 3－4－2　双金属片热特性实验

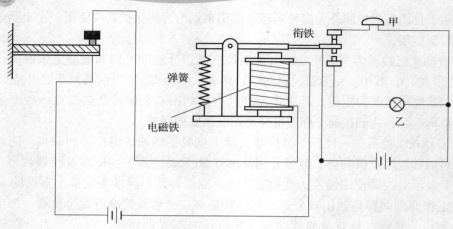

图 3 – 4 – 3　双金属片报警电路

知识拓展

集成温度传感器

集成传感器是采用硅半导体集成工艺而制成的传感器，因此亦称硅传感器或单片集成传感器。集成温度传感器是将温敏晶体管放大电路、温度补偿电路及其他辅助电路集成在同一个芯片上的温度传感器。模拟集成传感器是在 20 世纪 80 年代问世的，集成传感器的主要特点是功能单一（仅测量某一物理量）、测量误差小、价格低、响应速度快、传输距离远、体积小、微功耗等，适合远距离测量、控制，不需要进行非线性校准，外围电路简单。它主要用来进行 –50 ℃～150 ℃ 范围内的温度测量、温度控制和温度补偿。

1. PN 结型半导体温度传感器

1）工作原理

利用半导体材料电阻率对温度变化敏感这一特性可制成半导体温度传感器。半导体温度传感器又分为无结型（单晶）及 PN 结型两类。无结型半导体温度传感器就是前面已经介绍过的半导体热敏电阻。PN 结型半导体温度传感器可分为温敏二极管温度传感器（简称温敏二极管或二极管温度传感器）和温敏三极管温度传感器（简称温敏三极管或三极管温度传感器）两种类型。下面介绍 PN 结型半导体温度传感器的原理。

根据理论推导可知 PN 结正向电压与温度的关系为：当电流密度保持不变时，PN 结的正向电压随温度的升高而下降，近似呈线性关系。图 3 – 4 – 4 所示为硅二极管正向电压与温度的关系。

利用二极管的这一特性，就可以进行温度的测量。除扩散电流外，半导体二极管的正向电流中还包含空间电荷区的复合电流和表面复合电流成分，这两种复合电流成分将使半

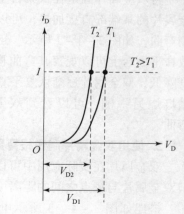

图 3 – 4 – 4　硅二极管正向
电压与温度的关系

导体二极管的实际特性曲线偏离理想曲线，线性误差较大。而半导体三极管在正向工作状态下的温度特性更理想，具有良好的线性度。当集电极电流为恒定电流时，发射结压降 V_{be} 与温度 T 呈线性关系，可以根据这个关系通过发射结压降来测量温度。

三极管由于仅有一个发射结电压 V_{be}，因此其具有的线性度和一致性不太理想。在集成温度传感器中，可以采用一对非常匹配的半导体管做差分对管，利用它们的发射结电压 V_{be} 之差所具有的良好正温度系数来制作集成温度传感器，以在较宽的温度范围内做到，发射结电压 V_{be} 之差是温度 T 的理想线性函数，这也是集成温度传感器的基本工作原理，并以此为基础设计出各种不同电路和不同输出类型的集成温度传感器。

温敏二极管的主要特点是工艺和结构简单，但线性度、稳定性稍差。相对于温敏二极管，当温敏三极管发射极电流保持不变时，其发射结正向电压—温度的关系具有良好的线性度。

2. 集成温度传感器分类

按照输出和功能特点，集成温度传感器常分为模拟式集成温度传感器、逻辑输出式集成温度传感器、数字式集成温度传感器和通用智能式温度控制器等，其中，模拟式集成温度传感器按照输出类型分为电压型、电流型和频率型三种。

模拟式集成温度传感器将驱动电路、信号处理电路及必要的逻辑控制电路集成在单片机IC 上，实际尺寸小、使用方便，它与热电阻、热电偶和热敏电阻等传统传感器相比，还具有线性度好、精度适中、灵敏度高等优点。常见的模拟式集成温度传感器有 LM3911、LM35D、LM45、AD22103、AN6701（电压输出型）、AD590（电流输出型）等。

在许多实际应用中，并不需要严格测量温度值，而只关注温度是否超出了设定范围，一旦温度超出设定范围，则发出报警信号，启动或关闭风扇、空调、加热器或其他控制设备，此时可选用逻辑输出式集成温度传感器，其典型代表有 LM56、MAX6501 ~ MAX6504、MAX6509/6510 等。

数字式集成温度传感器集温度传感器与 A/D 转换电路于一体，能够将被测温度直接转换成计算机能够识别的数字信号并输出，可以同单片机结合完成温度的检测、显示和控制功能，因此在过程控制、数据采集、机电一体化、智能化仪表、家用电器及网络技术等方面得到了广泛应用，其典型代表有 DS18B20。

3. 常见的集成温度传感器

1）LM35D

LM35D 是一种把温度传感器与放大电路做在一个硅片上的集成温度传感器。它是一种输出电压与摄氏温度值成正比例的温度传感器，其灵敏度为 10 mV/℃；工作温度范围为 0 ℃ ~ 100 ℃；工作电压为 430 V；精度为 ±1 ℃；最大线性误差为 ±0.5 ℃；静态电流为 80 μA。该器件外观类似塑封三极管，如图 3 - 4 - 5 所示。

图 3 - 4 - 5 LM35D 实物图

该温度传感器最大的特点是使用时不需要外围元件，也无须调试和校正（标定），只要外接一个 1 V 的表头，如指针式或数字式的万用表，就成为一个测温仪。

LM35D 电源供电模式有单电源与正负双电源两种，其正负双电源的供电模式可使 LM35D 测量负温度（零下温度）；采用单电源模式时，LM3SD 在 25 ℃ 下的工作电流约为 50 mA，非常省电。

温度传感器 LM35D 输出电压为 0 ~ 0.99 V，虽然该电压范围在 AD 转换器的输入电压允许范围内，但该电压信号较弱，如果不进行放大直接进行 A/D 转换，会导致输出的数字量信号强度小、精度低。可选用通用型放大器 UA741 或 OP07 对 LM35D 输出的电压信号进行幅度放大，还可对其进行阻抗匹配、波形转换、噪声抑制等处理。放大后的信号输入到 A/D 转换端，再将 A/D 转换的结果送给单片机，就能实现温度数据的采集。

2）AN6701

AN6701 是日本松下公司研制的一种具有灵敏度高、线性度好、精度高和响应快等特点的电压输出型集成温度传感器，它有 4 个引脚，如图 3 - 4 - 6 所示，其中 1、2 引脚为输出端；3、4 引脚接外部校正电阻 R_c，用来调整 25 ℃ 下的输出电压，使其等于 5 V，R_c 的阻值在 3 ~ 30 kΩ 范围内。其接线方式有 3 种：正电源供电，如图 3 - 4 - 6（a）所示；负电源供电，如图 3 - 4 - 6（b）所示；输出反相，如图 3 - 4 - 6（c）所示。

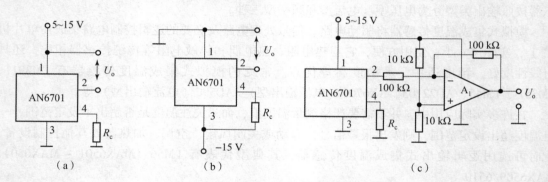

图 3 - 4 - 6　AN6701 的接线方式

（a）正电源供电电路；（b）负电源供电电路；（c）输出反相的电路

实验证明，如果环境温度为 20 ℃，当 R_c 为 1 kΩ 时，AN6701 的输出电压为 3.189 V；当 R_c 为 10 kΩ 时，AN6701 的输出电压为 4.792 V；当 R_c 为 100 kΩ 时，AN6701 的输出电压为 6.175 V。因此，使用 AN6701 检测一般环境温度时，应适当调整、校正电阻，不用放大器可直接将输出信号送入 A/D 转换器，再将转换结果送至单片机进行处理。

3）DS18B20

DS18B20 是美国 DALLAS 公司继 DS1820 之后推出的一款单线接口数字式集成温度传感器，它将传感器和各种数字转换电路都集成在一起。

（1）DS18B20 主要特点。

单线接口仅需一个引脚进行通信；内置 64 位的唯一产品序列号；适合单线多点分布式测温；不需要接外部元器件；电源电压为 3.0 ~ 5.5 V，也可通过数据线供电；测温范围为 55 ℃ ~ 125 ℃，在 10 ℃ ~ 85 ℃ 范围内测量误差不超过 + 0.5 ℃；二进制数字信号输出（9 ~ 12 位可选）；采用 12 位数字信号输出方式时最大转换时间为 750 ms；用户可自定义非易失性报警设置。

（2）DS18B20 封装形式。

①采用 3 引脚 3 – 4 – 7 小体积封装，如图 3 – 4 – 7 所示，其中引脚 1 为 GND（地），引脚 2 为 DQ（数字信号输入输出端），引脚 3 为 VDD（供电电源输入端）。

②采用 8 引脚 SOIC 封装，如图 3 – 4 – 8 所示，其中的 NC 表示空引脚。

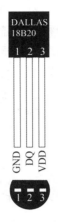

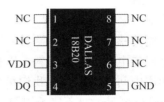

图 3 – 4 – 7　3 脚 T0 – 92 小体积封装　　　　图 3 – 4 – 8　8 脚 SOIC 封装

（3）DS18B20 的应用。

DS18B20 是数字式集成温度传感器，在使用时常采用单片机读取温度值并进行处理，处理的结果可以方便地显示在 LED 显示器和液晶显示器上。其应用电路设计简单，编程资料丰富，是低温测量的常用传感器之一。

由于 DS18B20 输出数字量，且为串行元器件，只要一根数据线就能完成温度的采集，因此在基于单片机的温度测控系统中采用较多。

思考与练习

1. 填空题

（1）当两种不同材料的导体组成一个闭合回路时，若两接点温度不同，则在该回路中会产生电势。这种现象称为_____，该电势称为_____。

（2）中间导体定律：在热电偶回路中接入第三种导体，只要该导体两端温度_____，则热电偶产生的总热电势不变。

（3）金属热电阻传感器一般称为热电阻传感器，是利用金属导体的_____随温度的变化而变化的原理进行测温的。

（4）正温度系数热敏电阻英文简写是_____，负温度系数热敏电阻英文简写是_____。

（5）LM35 温度传感器的灵敏度为 10 mV/℃，当环境温度为 30 ℃时，其输出电压值为_____。

（6）根据＿＿＿＿＿＿＿制成的传感器称为热释电传感器。

2. 单项选择题

（1）适合作为温度开关的热敏电阻是（ ）。

A. PTC   B. NTC   C. PTR   D. 没有

（2）（ ）的数值越大，热电偶的输出热电势越大。

A. 热端直径   B. 热端和冷端温度

C. 热端和冷端温差   D. 热电极的电导率

（3）以下温度传感器中，适合测量火箭发动机尾部温度的是（ ）。

A. 热电偶   B. 集成温度传感器

C. 热敏电阻   D. 温敏二极管

3. 判断题

（1）温度传感器可以直接测量温度。（ ）

（2）组成热电偶的金属材料可以相同。（ ）

（3）利用中间导体定律，我们可采取任何方式焊接导线，将产生的热电势通过导线接至测量仪表进行测量，且不影响测量精度。（ ）

（4）利用中间温度定律可使测量距离加长，也可用于消除热电偶自由端温度变化的影响。（ ）

（5）所有的热敏电阻都适合测量连续变化的温度值。（ ）

（6）红外传感器按工作原理分为红外光电传感器和红外热敏传感器。（ ）

4. 简答题

（1）温度的测量方式按"是否接触"分为哪两种？对应的典型传感器有哪些？

（2）热敏电阻有哪几种类型？各有何特点和用途？

（3）热电偶温度传感器的工作原理是什么？

（4）双金属片的工作原理是什么？

模块四

物位检测

本模块主要介绍电容式接近开关、电感式接近开关、霍尔式接近开关的工作原理、基本结构、工作过程及应用特点，并能根据工程要求正确安装和使用相关传感器。

【学习目标】

知识目标

（1）能说出电容式接近开关、电感式接近开关、霍尔式接近开关的工作原理及特点；

（2）能说出电容式接近开关、电感式接近开关、霍尔式接近开关的分类及应用；

（3）能说出电容式接近开关、电感式接近开关、霍尔式接近开关的区别及应用场合。

能力目标

（1）能够按照电路要求对电容式接近开关、电感式接近开关、霍尔式接近开关进行正确接线，并且会使用万用表检测电路；

（2）能够分析电容式接近开关、电感式接近开关、霍尔式接近开关检测到的数据；

（3）能根据生产现场实际情况选择合适的接近开关。

素养目标

（1）具有良好的职业道德，严格遵守本岗位操作规程；

（2）具有良好的团队精神和沟通协调能力；

（3）具有科学分析、解决问题的能力。

物位是物体（料）位置的简称。物位测量在现代工业生产过程中具有重要地位，在航空航天技术、机床、储料以及其他工业生产的过程控制中，需要对运动部件进行检测、定位或判断是否存在，因此，物位检测主要做开关形式判断。

实际生产生活中，常用各种接近开关来对物位进行检测。例如流水线上采用磁性开关检测工件是否到位；用电容式接近开关检测试管中注入液体的液位，以判断注入的液体量是否符合要求。

接近开关实质上是一种开关型位置传感器，它是利用位置传感器对接近物体的敏感特性，控制开关通、断的一种装置。根据被检测物体的特性不同，人们依据不同的原理和工艺做成了各种类型的接近开关。

接近开关又称无触点行程开关，它能在一定的距离（几毫米至几十毫米）内检测有无物体靠近。当物体与其接近到设定距离时发出"动作"信号，而不像机械式行程开关那样，需要施加机械力。它给出的是开关信号（高电平或低电平）。多数接近开关具有较大的负载能力，能直接驱动中间继电器。

接近开关的核心部分是"感辨头"，它对正在接近的物体有很高的感辨能力。涡流探头能感辨金属导体的靠近与否，而应变计、电位器、压电传感器之类的接触式传感器就无法用于接近开天。多数接近开关已将感辨头和测量转换电路做在同一壳体内，壳体上多带有螺纹或安装孔，便于安装和调整与被测物的距离。

现在接近开关的应用已远远超出行程开关的行程控制和限位保护范畴，它还可以用于高速计数和测速，确定金属物体的存在和位置，测量物位和液位，以及作无触点按钮等。

与机械行程开关相比，接近开关一般具有以下特点：非接触检测，不影响被测物的运行工况；定位准确度高；不产生机械磨损和疲劳损伤，耐腐蚀，动作频率高，工作寿命长；响应快，约为几毫秒；采用全密封结构，防潮、防尘性能较好，工作可靠性强；无触点、无火花、无噪声，适用于要求防爆的场合（防爆型）；易于与 PLC 或其他上位机连接；体积小，安装、调整方便。缺点是"触点"容量较小，负载短路时易烧毁。

接近开关的主要技术指标如下：

（1）动作距离。当被测物由正面靠近接近开关的感应面时，使接近开关动作（输出状态变为有效状态）的距离即为接近开关的动作距离。

（2）复位距离。当被测物由正面离开接近开关的感应面，接近开关转为复位状态（输出状态变为无效状态）时，被测物离开感应面的距离就是复位距离。同一个接近开关的复位距离大于动作距离。

（3）动作滞差。动作滞差是指复位距离与动作距离之差。动作滞差越大，对抗被测物抖动等造成的机械振动干扰的能力就越强，但动作准确度就越差。

（4）重复定位准确度（重复性）。重复定位准确度表征多次测量的动作距离平均值，其数值的离散性一般为最大动作距离的 1%~5%。将被测金属板固定在千分尺上，由动作距离 120% 以外逐渐沿接近开关感应面轴向靠近接近开关的动作区，运动速度控制在 0.1 mm/s。当接近开关动作时，读出千分尺的读数，然后反向退出动作区，使接近开关复位。重复 10 次，计算 10 次测量值的最大值和最小值，再逐一与 10 次平均值做减法，最大差值即为重复定位准确度。重复定位的离散性越小，重复定位的准确度就越高。

（5）响应频率。响应频率也称动作频率，是指每秒连续不断地进入接近开关的动作距离后又离开的被测物个数或次数。当接近开关的动作频率太低而被测物又运动得太快时，接近开关就来不及响应物体的运动状态，有可能造成漏检。

（6）额定工作距离。额定工作距离是指在实际使用中设定的，被测金属板从侧向（径向）靠近接近开关时的安装距离。在此距离上，接近开关不应受温度变化、电源波动等外界干扰而产生误动作。通常额定工作距离小于动作距离。在实际应用中，考虑到各方面环境因素干扰的影响，通常将额定工作距离设定为动作距离的75%。

项目一　利用电容式接近开关检测一般物体位置

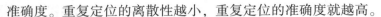

本项目主要学习电容式传感器的工作原理、特点、分类及应用，认识电容式传感器的外观和结构，会用电容式接近开关检测物品的位置。

电容式传感器的基本工作原理我们在之前的学习中接触过，请你向同学们介绍一下。同时请查找资料，为同学们分析电容式传感器用于位移检测和位置检测的区别。

任务一　认识电容式接近开关

1. 电容式接近开关工作原理

电容式接近开关的工作原理可以用平行板电容器的电容计算公式来说明，某平行板电容器的结构如图 4-1-1 所示，当忽略边缘效应时，其电容为

$$C = \frac{\varepsilon S}{\delta} = \frac{\varepsilon_\mathrm{r} \varepsilon_0 S}{\delta}$$

当极板间距离 δ、极板相对覆盖面积 S 和相对介电常数 ε 中的某一项或几项有变化时，则电容器的电容值 C 即发生变化，可转换为电量输出。

电容式接近开关的测量原理是：一个极板构成电容器，而另一个极板是开关的外壳，这个外壳在测量过程中通常是接地或与设备的机壳相连接，当有物体移向接近开关时，不论它是否为导体，由于它的接近，总会使电容的介电常数发生变化，从而使电容量发生变化，使得与测量头相连的电路状态也随之发生变化，由此便可控制开关的接通或断开。这种接近开关检测的对象不限于导体，可以是绝缘的液体或粉状物等。

被检测物体可以是导电体、介质损耗较大的绝缘体、含水的物体（例如饲料、人体等）；可以是接地的，也可以是不接地的。调节接近开关尾部的灵敏度调节电位器，可以根据被测物的不同来改变动作距离，其外形如图 4-1-2 所示。

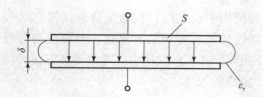

图 4 – 1 – 1　平行板电容器

图 4 – 1 – 2　电容式接近开关外形

　　电容式传感器的感应面由两个同轴金属电极构成，很像"打开的"电容电极，此两个电极构成一个电容，串接在 RC 振荡回路内。当一个目标朝着电容器的电极靠近时，它就进入了电极表面前面的电场，并引起耦合电容发生改变（电容器的容量增加），通过后极电路的处理，将停振和振荡两种信号转换成开关信号，从而起到了检测有无物体存在的目的。该传感器能检测到金属物体，也能检测到非金属物体，对金属物体可获得最大的动作距离，而对非金属物体的动作距离则决定于材料的介电常数。电容式接近开关控制系统组成框图如图 4 – 1 – 3 所示。

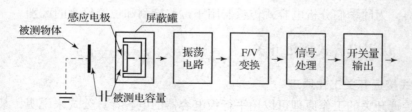

图 4 – 1 – 3　电容式接近开关控制系统组成框图

2. 电容式接近开关的特点

　　当被测物是导电金属物体时，即使两者的距离较远，但等效电容 C 仍较大，灵敏度较高。若被测物的面积小于电容式接近开关直径的 2 倍，则灵敏度显著较低。

　　对于非金属物体，例如水、纸板、皮革、塑料、陶瓷、玻璃、沙石、粮食等，动作距离决定于材料的介电常数和电导率以及被测物体的面积。介电常数大且导电性能较好的物体（例如含水的有机物等），灵敏度略小于金属物体；物体的含水量越小、面积越小，动作距离也越小，灵敏度就越低。尼龙、聚四氟乙烯等介质损耗小的物体灵敏度较低。

3. 电容式接近开关的应用

　　对金属物体而言，电容式式接近开关过于易受干扰，故可以选择电感式接近开关，通常在测量含水介质时才选择电容式接近开关（电容式接近开关可以检测人体的靠近）。将电容式接近开关安装在如图 4 – 1 – 4（a）所示玻璃管外壁，可以用于液位的上、下限报警，当被测物的液体低于或高于设定值时，产生报警信号（例如输液报警）；也可以将电容式接近开关安装在容器的顶部，当含水颗粒（例如饲料等）接近电容式接近开关的端面时，产生报警信号，关闭输送管道的阀门。内装式电容接近开关如图 4 – 1 – 4（b）所示。

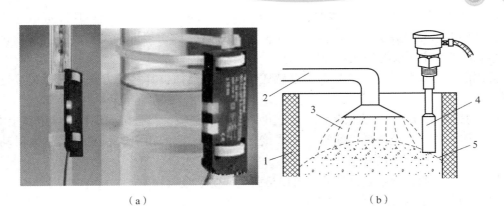

（a） （b）

图 4 - 1 - 4 电容式接近开关的应用

（a）外挂式电容接近开关；（b）内装式电容接近开关

1—塑料容器外壁；2—下料管；3—含水颗粒；4—电容式接近开关；5—物位

大多数电容式接近开关的尾部有一个多圈微调电位器 R_P，用于调整电容式接近开关的灵敏度。当被测试对象的介电常数较低且导电性较差时，可以顺时针旋转电位器的旋转臂，以增加灵敏度，减小动作距离。电容式物位报警器对附近的高频电磁场十分敏感，因此不能在高频炉、大功率逆变器等设备附近使用，而且两只电容式接近开关也不能靠得太近，以免相互影响。

任务二 利用电容式接近开关检测物体位置

1. 电容式接近开关与三菱 PLC 的接线方式

电容式接近开关可以与三菱 PLC 连接。由于三菱 FX 系列 PLC 为低电平有效，因此选择 NPN - NC 型电容式接近开关。图 4 - 1 - 5（a）所示为两线式电容接近开关与 FX2N 系列 PLC 的接线图，图 4 - 1 - 5（b）所示为三线式电容接近开关与 FX2N 系列 PLC 的接线图，需要注意的是，必须将 PLC + 24 V 电源的 COM 端与输入 COM 端相连接，否则输出信号不能与 PLC 输入端形成回路。

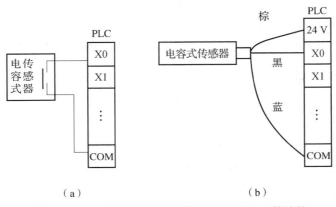

（a） （b）

图 4 - 1 - 5 电容式接近开关与 FX 系列 PLC 的连接

（a）两线式电容接近开关的连接；（b）三线式电容接近开关的连接

（1）连接好 PLC 后，检查线路，确认无误后再上电。用一个小金属块靠近电感式接近开关，观察 PLC 输入端指示灯的点亮情况。指示灯点亮说明接近开关检测到金属物体，输出信号；否则，说明没有检测到金属物体。

常用的电容式接近开关的外形与电感式接近开关类似，其接线方法与电感式接近开关相同。

（2）按图 4-1-5 所示将电容式接近开关与 PLC 连接，检查接线正确后给电路上电。

将金属、塑料圆柱体慢慢靠近电容式接近开关到一定的距离时，观察到继电器动作或 PLC 相应的输入指示灯点亮。

这一实验表明：电容式接近开关可以检测金属与非金属物质。

（3）重做上述实验，调节电容式接近开关尾部旋钮，观察检测距离。

观察发现：电容式接近开关对金属物体可以获得最大的检测动作距离，对非金属物体的检测动作距离小于金属物体。

（4）将电容式接近开关固定在玻璃杯中一定的高度，如图 4-1-6 所示，向玻璃杯中慢慢加入水，观察电容式接近开关对水的检测距离。

图 4-1-6　对水位的检测

通过比较发现：电容式接近开关对非金属物体的动作距离决定于材料的相对介电常数，材料的相对介电常数越大，可检测的动作距离越小。

项目二　利用电感式接近开关检测金属物体位置

本项目主要学习电感式传感器的工作原理、特点、分类及应用，认识电感式传感器的外观和结构，会用电感式接近开关检测金属物品的位置。

你还记得电感的相关定义和计算公式吗？查找资料向同学们介绍一下。根据之前的学习，向同学们分析一下如果采用电感式传感器，我们可以测量哪些物理量。

任务一　认识电感式传感器

数控机床、机器人及工厂自动化相关设备的位置检测、尺寸检测、统计计数、速度传输控制、运动部件的精准定位和自动往返控制等，均使用了电感式传感器。电感式传感器不与被测物体接触，而是依靠电磁场的变化来完成检测任务，可靠性和精确性都较高。

电感式传感器是利用电磁感应原理将被测非电量转换成线圈自感量或互感量的变化，进而将测量电路转换为电压或电流变化量的传感器。图 4-2-1 所示为常用电感式传感器。

图 4-2-1 常用电感式传感器

1. 电感式传感器的基本原理

电感式传感器是利用电磁感应原理将被测非电量转化成线圈自感量或互感量的变化，进而由测量电路转换为电压或电流变化的一种传感器。电感式传感器的种类很多，一般分为自感式、互感式和电涡流式 3 种，可用来测量位移、压力、流量、振动等非电量信号。

1）自感式传感器的工作原理

自感式传感器主要由线圈、铁芯和衔铁等组成。工作时，衔铁通过测杆与被测物体相接触，被测物体的位移将引起线圈电感值的变化。当传感器线圈接入一定的测量电路后，电感的变化将转换成电压、电流或频率的变化，即完成了非电量到电量的转换。

自感式传感器是把被测量转换成线圈的自感变化的元件，自感量公式为

$$L = \frac{W^2 \mu_0 \mu_e S_0}{l}$$

式中：W——线圈匝数；

μ_0——真空磁导率，$\mu_0 = 4\pi \times 10^{-7}$ H/m；

μ_e——磁路等效磁导率；

S_0——截面积；

l——磁路长度。

当截面积 S_0 和磁路长度 l 发生变化时，就可以改变电感 L，再通过测量电路就可转换为电量输出。因此，常见的自感式传感器有变气隙式、变面积式与螺管式 3 种类型，如图 4-2-2 所示。

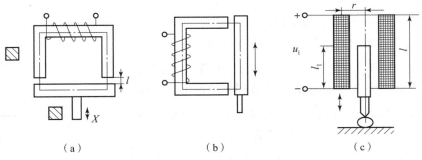

（a） （b） （c）

图 4-2-2 自感式传感器

（a）变气隙式；（b）变面积式；（c）螺管式

2）差动变压器式传感器

差动变压器式传感器是一种线圈互感随衔铁位移变化而变化的变磁阻式传感器。其原理类似于变压器，不同的是：变压器为闭合磁路，差动变压器式传感器为开磁路；变压器初、

次级间的互感为常数，差动变压器式传感器初、次级间的互感随衔铁移动而变，且两个次级绕组按差动方式工作，因此又称为差动变压器。它与自感式传感器统称为电感式传感器。差动变压器的结构形式较多，有变气隙式、变面积式与螺管式等，目前应用最广的是螺管式差动变压器。图 4 - 2 - 3 所示为差动变压器式传感器结构示意图，即在线框上绕有一组输入线圈（称一次侧线圈），在同一线框上另绕两组完全对称的线圈（称二次侧线圈），它们反向串联组成差动输出形式。理想差动变压器式传感器的原理如图 4 - 2 - 4 所示。

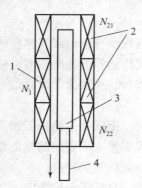

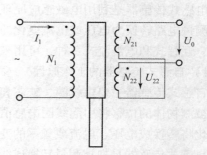

图 4 - 2 - 3　差动变压器式传感器结构示意图
1——次侧线圈；2—二次侧线圈；3—衔铁；4—测杆

图 4 - 2 - 4　理想差动变压器式传感器原理图

2. 电感式传感器的特点

电感式传感器的结构简单、工作可靠；灵敏度高，能分辨 $0.01\ \mu m$ 的位移变化；测量精度高、零点稳定、输出功率较大；可实现信息的远距离传输、记录、显示和控制，在工业自动控制系统中被广泛采用。其主要缺点是灵敏度、线性度和测量范围相互制约；传感器自身频率响应低，不适用于快速动态测量等。

3. 电涡流式传感器的基本原理

电感式接近开关一般是采用涡流效应工作的，涡流效应是指当金属导体置于变化的磁场中时，导体内就会产生感应电流，这种电流的流线在金属体内自行闭合，通常称为电涡流。电涡流的产生必然要消耗一部分磁场能量，从而使激励线圈的阻抗发生变化。

电涡流式传感器的基本原理示意图如图 4 - 2 - 5 所示。有一通以交变电流 $\dot{I}_1$ 的传感器线圈，由于电流 $\dot{I}_1$ 的存在，线圈周围就产生一个交变磁场 H_1。若被测导体置于该磁场范围内，导体内便产生电涡流 $\dot{I}_2$，$\dot{I}_2$ 也将产生一个新磁场 H_2，H_2 与 H_1 方向相反，力图削弱原磁场 H，从而导致线圈的电感、阻抗和品质因数发生变化。这些参数变化与导体的几何形状、电导率、磁导率、线圈的几何参数、电流的频率以及线圈到被测导体间的距离有关。如果控制上述参数中的一个参数改变，其余皆不变，就能构成测量该参数的传感器。电涡流式传感器只有当测距范围较小时，才能保证一定的线性度，因此一般作开关量使用。

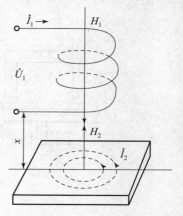

图 4 - 2 - 5　电涡流式传感器
基本原理示意图

4. 电涡流式传感器的特点

电涡流式传感器由于结构简单、灵敏度高、频响范围宽、不受油污等介质的影响，并能进行非接触测量，故适用范围广。目前，这种传感器已广泛用来测量位移、振动、厚度、转速、温度、硬度等参数，以及用于无损探伤领域。

5. 电涡流式传感器的应用

1）电涡流式传感器测量位移

电涡流式传感器可以用来测量各种形状条件的位移量，如汽轮机主轴的轴向位移、磨床换向阀及先导阀的轴向位移和金属试件的热膨胀系数等。其测量位移范围可以从 0～1 mm 到 0～30 mm，分辨率为满量程的 0.1%，位移测定方式如图 4 – 2 – 6 所示。

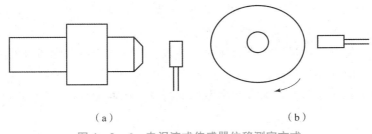

（a）　　　　　　　　　　　　　　（b）

图 4 – 2 – 6　电涡流式传感器位移测定方式

（a）轴向位移测定示意图；（b）轴径向振动测量

2）电涡流式接近开关

电涡流式接近开关属于一种有开关量输出的位置传感器，它由 LC 高频振荡器和放大处理电路组成，利用金属物体在接近这个能产生电磁场的振荡感应头时，使物体内部产生涡流，这个涡流反作用于接近开关，使接近开关振荡能力衰减，内部电路的参数发生变化，由此识别出有无金属物体接近，进而控制开关的通或断。这种接近开关所能检测的物体必须是金属物体。

电涡流式传感器可用来测量各种形状金属导体试件的位移量，如汽轮机主轴的轴向位移、提升机盘式闸瓦间隙、液压先导阀的位移和金属试件的热膨胀系数等。其测量位移范围为 0～22 mm，分辨率为 0.1 μm。

电涡流式传感器可以对各种振动的振幅频谱分布进行无接触测量，可以进行金属元件的合格检验，金属元件计数，轴的位移和径向、轴向振动的测量，磨床的精密定位等。检测原理图如图 4 – 2 – 7 所示。

3）电涡流式传感器转速测量

图 4 – 2 – 8 所示为电涡流式传感器用于测量旋转体转速示意图。在旋转体上开一条或数条槽或做成齿状，旁边安装一个电涡流式传感器，当转轴转动时，传感器再周期地改变与转轴边界之间的距离，于是它的输出也周期性地发生变化。此输出信号经放大、变换后，可以用频率计测出其变化频率，从而测出转轴的转速。若转轴上开 z 个槽，频率计的读数为 f（单位为 Hz），则转轴的转速 n（单位为 r/min）的数值方程为

$$n = 60 \frac{f}{z}$$

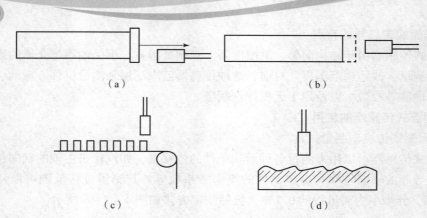

图 4 - 2 - 7　电涡流式传感器的应用

（a）接近检测开关；（b）线膨胀系数测量；（c）零件数的检测；（d）零件表面粗糙度测量

　　利用电涡流式传感器还可以检查金属表面裂纹、热处理裂纹及焊接处的缺陷等。在探伤时，传感器应与被测导体保持距离不变。检测时，由于裂陷出现，故将引起导体电导率、磁导率的变化，即引起涡流损耗改变和输出电压的突变，以此来检查出金属材料的缺陷。

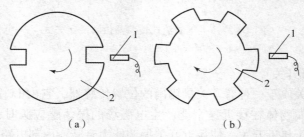

图 4 - 2 - 8　电涡流式传感器用于测量转速

（a）旋转体上开 2 个槽；（b）旋转体上开 6 个槽

1—传感器；2—试件

　　此外，电涡流式传感器还可以探测金属表面温度、表面粗糙度和硬度，进行尺寸检测等，同时也可以制成开关量输出的检测元件，例如应用较广的有接近开关及用于金属零件的计数等。

　　4）电涡流式金属探测器

　　图 4 - 2 - 9 所示为电涡流式金属探测器。电涡流式金属探测器一般由振荡器、开关电路及放大输出电路组成，首先由振荡器产生一个交变磁场，当金属目标接近这一磁场，并达到感应距离后，会在金属目标内产生涡流，从而导致产生的振荡衰减，甚至停振。振荡器振荡及停振的变化被后级放大电路处理并转换成开关信号，触发驱动控制器件，因此达到了非接触式检测金属的目的。其常用于工厂流水线金属部件检测以及机场、火车站安检等。

图 4 - 2 - 9　电涡流式金属探测器

任务二　利用电感式接近开关检测金属物体位置

1. 电感式接近开关的结构

电感式接近开关用于检测各种金属导体。当运动的金属物体靠近接近开关的一定位置时，它就发出信号控制电路通或断，达到行程控制、计数及自动控制的作用，它相当于一个无触点开关。图 4-1-10 所示为电感式接近开关的结构与图形符号。

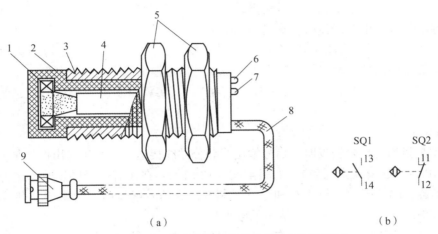

图 4-2-10　电感式接近开关的结构与图形符号

（a）结构；（b）符号

1—电感线圈；2—探头壳体；3—壳体上的位置调节螺纹；4—印制电路板；5—夹持螺母；
6—电源指示灯；7—阈值指示灯；8—输出屏蔽电缆线；9—电缆插头

电感式接近传感器主要由高频振荡电路、检波电路、放大电路、整形电路及输出电路组成。感知敏感元件为检测线圈，它是振荡电路的一个组成部分，在检测线圈的工作面上存在一个交变磁场。当金属物体接近检测线圈时，金属物体就会产生涡流而吸收振荡能量，使振荡减弱直至停振，振荡与停振这两种状态经检测电路转换成开关信号输出。电感式接近开关的工作原理如图 4-2-11 所示。

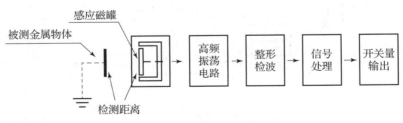

图 4-2-11　电感式接近开关的工作原理

2. 电感式接近开关的接线

接近开关一般配合继电器或 PLC、计算机接口使用。不同的电感式接近开关其输出端口数量是不一样的，有二线、三线、四线甚至五线输出的接近开关，其中接近开关多数采用三线制接线方式，棕色引线为电源线，接电源正极 V_{CC}（18~35 V）；蓝色引线为公共线，接电源负极（接地）；黑色引线为信号输出线，接输出端。接近开关有常开、常闭之分，按触点形式可分为继电器输出型和 OC 门（集电极开路输出门）。继电器的触点耐压高，电流容量较大，不易烧毁，但响应慢。OC 门的动作时间可小于 0.1 ms。OC 门的输出又可分为 PNP型与 NPN 型两大类，下面将对两种类型作详细说明。

1）PNP 型

PNP 型是指当有信号触发时，信号输出线和电源线接通，相当于输出高电平的电源线。

（1）PNP – NO 型（常开型）。如图 4 – 2 – 12 所示，在没有信号触发时，这种接近开关的输出线是悬空的，即电源线和信号输出线断开；有信号触发时，发出与电源相同的电压，也就是信号输出线和电源线接通，输出高电平。

（2）PNP – NC 型（常闭型）。在没有信号触发时，信号输出线与电源线接通，输出高电平；当有信号触发后，输出线是悬空的，也就是信号输出线和电源线断开。

（3）PNP – NC + NO 型（常开、常闭共有型）。其实就是多出一个输出线，使用时可根据需要取舍。

2）NPN 型

NPN 型是指当有信号触发时，信号输出线和公共线接通，相当于输出低电平。

（1）NPN – NO 型（常开型）。如图 4 – 2 – 12 所示，在没有信号触发时，这种接近开关的输出线是悬空的，即信号输出线和公共线断开；有信号触发时，发出与公共线相同的电压，即信号输出线和公共线接通，输出低电平。

（2）NPN – NC 型（常闭型）。在没有信号触发时，信号输出线与公共线接通，输出低电平；当有信号触发后，输出线是悬空的，即地线和信号输出线断开。

（3）NPN – NC + NO 型（常开、常闭共有型）。与 PNP – NC + NO 型类似，多出一个输出线，使用时可根据需要选用。

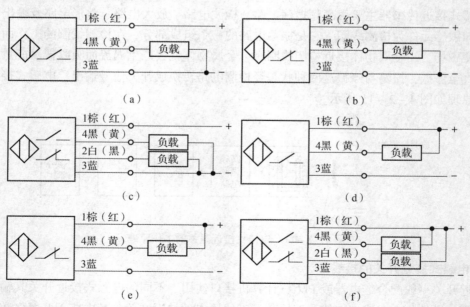

图 4 – 2 – 12　电感式接近开关接线图

（a）PNP – NO 型（常开型）；（b）PNP – NC 型（常闭型）；（c）PNP – NC + NO 型（常开、常闭共有型）；
（d）NPN – NO 型（常开型）；（e）NPN – NC 型（常闭型）；（f）NPN – NC + NO 型（常开、常闭共有型）

3. 电感式接近开关的特性实验

根据电感式接近开关的不同型号选择接线图，按图 4 - 2 - 13 所示完成接线。用万用表测试电路连接无误后上电。分别用金属物体、塑料板等物品靠近、远离电感式接近开关，观察继电器的动作情况。

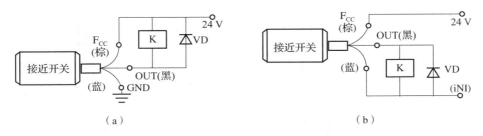

图 4 - 2 - 13　电感式接近开关的特性实验

（a）NPN 型；（b）PNP 型

在实验过程中可以看到：当金属块靠近电感式接近开关时，继电器吸合；当金属物体远离电感式接近开关时，继电器断开；而当塑料板靠近和远离电感式接近开关时，继电器没有反应。因此，电感式接近开关只能检测到金属导体而不能检测到非金属物体。

4. 接近开关检测距离实验

当物体移向接近开关到一定的距离时，接近开关才能够"感知"，并发出动作信号。通常人们把接近开关刚好动作时探头与检测体之间的距离称为动作距离，如图 4 - 2 - 14 所示。不同的接近开关其检测距离也不同，调节灵敏度旋钮（一般位于开关的后部）可适当改变（微调）检测距离。

1）用万用表与塑料直尺测量动作距离

根据电感式接近开关的不同型号完成与继电器的接线；用万用表测试电路连接无误

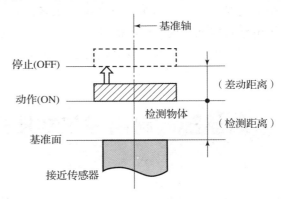

图 4 - 2 - 14　接近开关的距离测定

后上电；移动金属物品，沿接近开关正面逐渐靠近探头；观察万用表电压变化情况；待继电器动作时用塑料直尺测量钢条与探头之间的距离。

2）连接继电器测量检测复位距离

在动作距离检测流程完成后，将金属物品沿与测试面垂直的路线逐渐远离探头，观察继电器动作，待继电器复位时用塑料直尺测量钢条与探头之间的距离。

3）改变传感器精度后测量动作及复位距离

转动电感式传感器后部灵敏度旋钮，然后按照以上步骤重新测量电感式接近开关的动作及复位距离。

5. 采用三菱 PLC 接收电感式接近开关信号

电感式接近开关与三菱 PLC 连接。由于三菱 FX 系列 PLC 为低电平有效，因此，选择 NPN - NC 型电感式接近开关。图 4 - 2 - 15（a）所示为两线式电感接近开关与 FX2N 系列

PLC 的接线图，图 4 - 2 - 15（b）所示为三线式电感接近开关与 FX2N 系列 PLC 的接线图，在接线时必须将 PLC + 24 V 电源的 COM 端与输入 COM 端相连接，否则输出信号不能与 PLC 输入端形成回路。

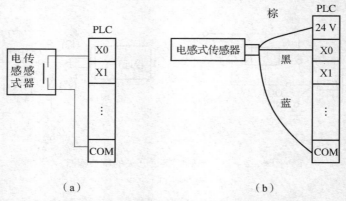

图 4 - 2 - 15 电感式接近开关与 FX 系列 PLC 的连接
（a）两线式电感接近开关的连接；（b）三线式电感接近开关的连接

连接好 PLC 后，检查线路，确认无误后再上电，即用一个小金属块靠近接近开关，观察 PLC 输入端指示灯的点亮情况。指示灯点亮说明接近开关检测到金属物体，PLC 接收到了电感式接近开关的输出信号；否则，说明没有检测到金属物体。

同样可以由该电路测试该电感式接近开关的动作和复位距离。

项目三 利用霍尔式接近开关检测磁性物体位置

本项目主要学习霍尔式传感器的工作原理、特点、分类及应用，会用霍尔式传感器进行磁性物体位置的测量。

霍尔效应是磁电效应的一种，这一现象是美国物理学家霍尔（A. H. Hall，1855—1938）于 1879 年在研究金属的导电特点时发现的。请查找资料，向同学们介绍一下霍尔效应。

任务一 认识霍尔式接近开关

在很多检测环境中，运动部件和支撑运动的部件均为同一材质的物体。例如气缸，其活塞和缸体均为同一材质的金属。在这种情况下，如用电感式接近开关检测活塞的运动状态，显然是不可行的。如果在运动的活塞端装上磁性物质，如磁铁，则采用霍尔式接近开关就可以检测物体的运动状态。

霍尔式传感器是一种磁敏传感器，即对磁场参量敏感的元器件或装置，它是利用半导体材料的霍尔效应进行测量的传感器。图 4 - 3 - 1 所示为常用的霍尔式传感器。

图 4 – 3 – 1　常用的霍尔式传感器

1. 霍尔式传感器的工作原理

霍尔式传感器是利用霍尔效应进行工作的。图 4 – 3 – 2（a）所示为霍尔效应原理图。一块长为 l、宽为 b、厚为 d 的半导体，在外加磁场 B 的作用下，当有电流 I 流过时（磁场与电流的方向相垂直），运动电子受洛伦兹力的作用偏向一侧（图中 "–" 侧），使该侧形成电子的积累，与它对立的侧面由于减少了电子浓度，出现了正电荷，这样在两侧面间就形成了一个电场。运动电子在受洛伦兹力的同时，又受电场力的作用，最后当这两个作用力相等时，电子的积累达到动态平衡，这时两侧之间建立的电场称霍尔电场，相应的电压为霍尔电压 U_H，上述的现象称为霍尔效应。经分析和推导，霍尔电压 U_H 为

$$U_H = \frac{IB}{ned} = K_H IB$$

式中：n——半导体单位体积中的载流子；

　　　e——电子电量；

　　　K_H——霍尔元件灵敏度。

由此可知，在垂直于电流和磁场方向的霍尔电压 U_H 的大小正比于控制电流 I 和磁感应强度 B，当控制电流（或磁场）的方向或大小改变时，霍尔电压也将发生改变。

利用霍尔效应做成的器件称为霍尔元件，图形符号如图 4 – 3 – 2（b）所示。霍尔元件一般采用具有 N 型的锗、锑化钢和砷化铟等半导体单晶材料制成。将霍尔元件、放大器、温度补偿器电路、输出电路及稳压电源等集成在一块芯片上组成的电路即称为霍尔集成电路，目前使用的霍尔传感器基本上均是霍尔集成电路。

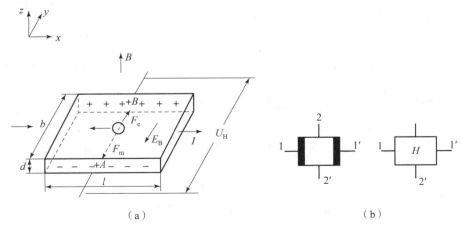

（a）　　　　　　　　　　　　　　　　（b）

图 4 – 3 – 2　霍尔元件

（a）霍尔效应原理图；（b）图形符号

1，1′—激励电极；2，2′—霍尔电极

2. 霍尔式传感器的分类

随着微电子技术的发展，目前霍尔式传感器多已集成化。霍尔式集成传感器（又称霍尔 IC）有许多优点，如体积小、灵敏度高、输出幅度大、温漂小、对电源稳定性要求低等。霍尔式传感器可分为线性和开关型两大类。

（1）线性霍尔传感器是将霍尔元件和恒流源及线性差动放大器等做在一个芯片上，输出电压为伏特级，比直接使用霍尔元件方便得多。较典型的线性霍尔器件有 UGN3501 等。

线性霍尔传感器的输出电压与外加磁场成线性比例关系。这类传感器一般由霍尔元件和放大器组成，当外加磁场时，霍尔元件产生与磁场成线性比例变化的霍尔电压，经放大器放大后输出。线性霍尔传感器的外形及内部电路如图 4-3-3 所示。

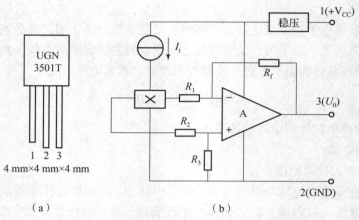

图 4-3-3 线性霍尔传感器的外形及内部电路
（a）外形尺寸；（b）内部电路框图

（2）开关型霍尔式传感器是将霍尔元件、稳压电路、放大器、施密特触发器、OC 门（集电极开路输出门）等电路做在同一个芯片上。当外加磁场强度超过规定的工作点时，OC 门由高阻态变为导通状态，输出变为低电平；当外加磁场强度低于释放点时，OC 门重新变为高阻态，输出高电平。这类器件中较典型的有 UGN3020、UCN3022 等。开关型霍尔式传感器能感知一切与磁信息有关的物理量，并以开关信号形式输出。开关型霍尔式传感器具有使用寿命长、无触点磨损、无火花干扰、无转换抖动、工作频率高、温度特性好、能适应恶劣环境等优点。

有一些开关型霍尔式集成电路内部还包括双稳态电路，这种器件的特点是必须施加相反极性的磁场，电路的输出才能翻转回到高电平，也就是说，具有"锁定"功能。这类器件又称为锁键型霍尔式集成电路，如 UGN305 等。开关型霍尔式集成电路的外形及内部电路如图 4-3-4 所示。

3. 霍尔式传感器的特点

霍尔式传感器的主要特性参数有：输入电阻 R_i，为了减少温度的影响，通常采用恒流源作为电流激励源；输出电阻 R_o；最大激励电流 I_m（数值多为几毫安）；灵敏度 $K_H = E_H / (IB)$，单位为 [mV/ (mA·T)]；最大磁感应强度 B_m，通常为零点几特斯拉；霍尔电动势温度系数，一般约为 0.1%/C。在要求较高的场合，应选择低温漂的霍尔元件。

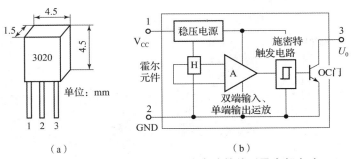

图 4 - 3 - 4　开关型霍尔式集成电路的外形及内部电路

（a）外形尺寸；（b）内部电路框图

霍尔式传感器无摩擦热，噪声小；装置性能稳定，寿命长，可靠性高；频率范围宽，从直流到微波范围均可应用；霍尔式传感器载流子惯性小，装置动态特性好。由于霍尔式传感器具有这些优点，故广泛应用于位移、磁场、电子记数、转速等参数的测控系统中。但霍尔式传感器件也存在转换效率低和受温度影响大等明显缺点，随新材料、新工艺不断出现，这些缺点正逐步得到克服。

4. 霍尔式传感器的应用

霍尔式传感器可用于测转速、流量、流速、位移，可利用它制成高斯计、电流计和转速计。

1）高斯计

高斯计是用来测量在空间一点的静态或动态（交流）磁感应强度的仪表，图 4 - 3 - 5 所示为高斯计实物和原理图。由图 4 - 3 - 5（b）可知，将霍尔元件垂直置于磁场 B 中，输入恒定的控制电流 I，则霍尔输出电压 U_H 正比于 H 磁感应强度 B，此方法可以测量恒定或交变磁场的高斯数。

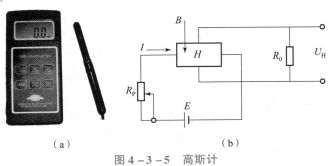

（a）

图 4 - 3 - 5　高斯计

（a）高斯计实物；（b）高斯计原理图

使用高斯计在测量空间磁感应强度时，应将霍尔式传感器的有效作用点垂直于被测量空间位置的磁力线方向。在测量材料表面磁感应强度时，应将霍尔式传感器的有效作用点垂直于材料的磁力线方向且紧密接触被测材料表面，高斯计的数字显示值即为被测材料表面磁场的大小。

2）电流计

图 4 - 3 - 6 所示为电流计示意图，将霍尔元件垂直置于磁环开口气隙中，让载流导体穿过磁环，由于磁环气隙的磁感应强度 B 与待测电流 I 成正比，故当霍尔元件控制电流 I_H 一定时，霍尔输出电压 U_H 就正比于待测电流 I，这种非接触检测安全简便，适用于高压线电流检测。

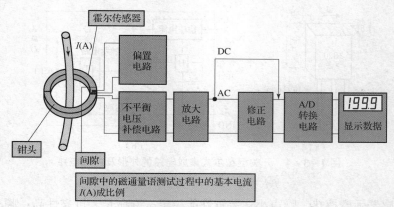

图 4 - 3 - 6　电流计示意图

3）转速计

图 4 - 3 - 7 所示为转速计示意图，将霍尔元件放在旋转盘的下边，让转盘上磁铁形成的磁力线垂直穿过霍尔元件；当控制电流 I 一定时，霍尔输出电压 U_0 决定于磁铁的磁场，当磁性齿经过霍尔式传感器时，霍尔传感器输出电压 U_0 会发生变化。开关式霍尔传感器会出现脉冲电压，线性霍尔传感器则出现电压波动。如转子上的磁性齿有 p 个，则旋转一周时霍尔式传感器会输出 p 个电压波动，则通过计数电路，确定传感器输出电压波动频率为 f，就可以算出该转子转速为 $60 \cdot f/p(\mathrm{r/min})$。

5. 霍尔式接近开关及其应用

霍尔式接近开关的检测对象是普通的铁磁材料或是带有磁性的材料，霍尔式接近开关内部的核心部件是开关型霍尔集成电路，壳体的端部封装有一个圆片形的永久磁铁，N 极朝外，当铁磁的被测物接近霍尔式接近开关时，加强了穿过开关型霍尔集成电路的磁感应强度 B，当磁场强度达到设定值时，电路的输出翻转为低电平。

霍尔接近开关可以直接测量磁场及微小位移量，也可以间接测量液位、压力等工业生产过程参数。目前，霍尔式传感器越来越受到人们的重视，广泛应用于各个测量与控制技术领域。

1）测量、控制气缸活塞运动的位置

图 4 - 3 - 8 所示为气缸活塞运动位置的测量及控制元件实物。在气缸活塞的顶端装上磁性物质（如磁铁），在气缸两端安装霍尔接近开关（也称磁性开关），即可检测和控制活塞运动的极限位置。

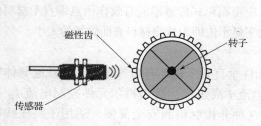

图 4 - 3 - 7　转速计示意图

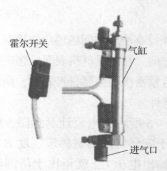

图 4 - 3 - 8　霍尔开关测控气缸活塞运动位置

2）汽车 ABS

当汽车紧急制动时，使汽车减速的外力主要来自地面作用于车轮的摩擦力，即"地面附着力"。而地面附着力的最大值出现在车轮接近抱死尚未抱死的状态，这就必须在汽车的前后轮各设置一套"防抱死制动系统"，又称为 ABS。

ABS 主要由汽车轮速检测装置、电子控制单元（ECD）和 ABS 执行器等组成。汽车轮速检测装置安装在汽车驱动轮装置上，连续不断地检测车轮的转速，并将转速信号传递给 ECU。ECU 将检测到的转速信号处理后，与预先存储在 ECU 中的参考值进行比较。如果车轮的"角减速度"急剧增大，则表明该车轮即将抱死，ECU 指示 ABS 执行器降低该车轮制动转矩，车轮即恢复低速转动。霍尔式汽车轮速检测装置的结构如图 4 - 3 - 9 所示。

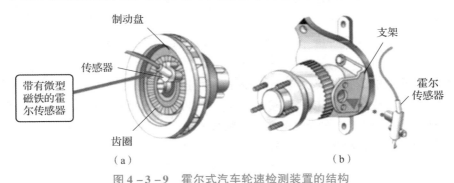

图 4 - 3 - 9　霍尔式汽车轮速检测装置的结构

（a）前轮转速检测装置；（b）后轮转速检测装置

图 4 - 3 - 9 中的齿圈是一个带齿的圆环，由磁阻较小的铁磁材料制成，安装在随车轮一起转动的部件上（例如半轴、轮毂或制动盘等），与车轮同步转动。传感器由带有永久磁铁圆片的霍尔式传感器组成。磁电式传感器安装在齿圈近侧不随车轮转动的部件上，如半轴套管、转向节、制动底板等位置。

任务二　利用霍尔接近开关检测磁性物体位置

采用霍尔式传感器能够完成磁性物质的检测，不论是应用线性霍尔传感器还是应用开关型霍尔传感器都可以完成磁性物质的检测。

1. 利用线性霍尔传感器检测磁性物体

1）S49E 线性霍尔传感器模块

S49E 线性霍尔传感器模块由电压调整器、霍尔电压发生器、线性放大器和射极跟随器组成，其输入是磁感应强度，输出是与输入量成正比的电压。S49E 系列线性霍尔传感器模块体积小、精确度高、灵敏度高、线性好、温度稳定性好、可靠性高，常用于运动检测器、齿轮传感器、接近检测器、电流检测传感器和电动自行车调速器等。S49E 线性霍尔传感器模块实物及内部结构如图 4 - 3 - 10 所示。

该模块低功耗输出噪声低，响应速度可达 23 kHz，工作电压为 3.5～6.5 V，可适用于 -20 ℃～80 ℃。在无磁场的情况下，输出脚的电压为电源电压的一半。当有一 S 极性的磁场靠近电路的正面（有商标的一面）时，输出电压相对应地上升；反之，当有一 N 极性的磁场靠近电路的正面时，输出电压相对应地下降。上升或下降的幅度是对称的，线形发生变化也就是拐点区域在 0.1 特斯拉左右。

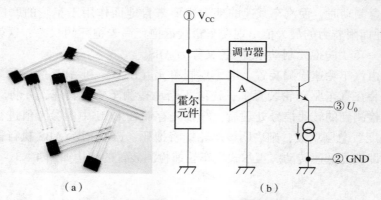

图 4-3-10 S49E 线性霍尔传感器实物图及内部结构图

（a）实物图；（b）内部结构图

2）S49E 线性霍尔传感器模块与 Arduino 控制板连接电路图

S49E 线性霍尔传感器模块接线要求如图 4-3-11 所示，将有文字面面向自己，1 脚接 Arduino 控制板电源 +5 V，2 脚接 Arduino 控制板 GND，3 脚为测试信号接收脚，由于该传感器输出为模拟量信号，故 3 脚可在 Arduino 控制板 A0～A5 模拟量输入口中任选一个接入。

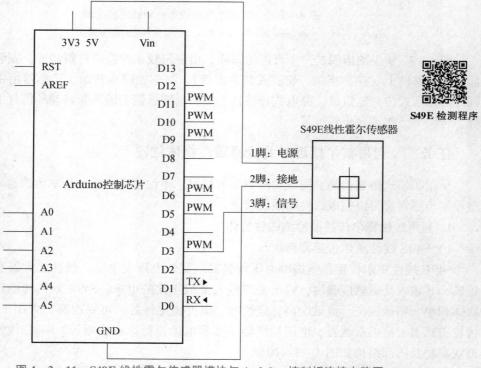

图 4-3-11 S49E 线性霍尔传感器模块与 Arduino 控制板连接电路图

3）实验步骤

（1）按图将 S49E 线性霍尔传感器模块与 Arduino 控制板完成接线，检查无误后将 Arduino 控制板上电。

（2）下载磁场强度检测程序至控制芯片中。

（3）将磁性物质尝试从正面、反面、侧面慢慢靠近 S49E 线性霍尔传感器模块，观察输出信号的变化；将磁性物质尝试从正面、反面、侧面慢慢远离 S49E 线性霍尔传感器模块，观察输出信号的变化。

2. 利用开关霍尔传感器检测磁性物体

1）A3144 开关型霍尔传感器模块

A3144 霍尔传感器是典型开关型霍尔传感器。A3144 霍尔器件是应用霍尔效应原理，采用半导体集成技术制造的磁敏电路，它是由电压调整器、霍尔电压发生器、差分放大器、史密特触发器及温度补偿电路和集电极开路的输出级组成的磁敏传感电路，其输入为磁感应强度，输出是一个数字电压信号。A3144 为单极（S）开关型霍尔传感器，只感应 S 极，A3144 开关型霍尔传感器设定为 S 极磁场的强度大于 150～200 Gs 时有电压输出，只要"南极"（S 极）磁钢有靠近—远离的动作，即可产生脉冲信号，不必考虑安装方向。其实物及内部结构如图 4－3－12 所示。

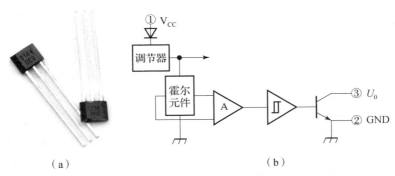

A3144 检测程序

图 4－3－12　A3144 开关型霍尔传感器实物及内部结构
（a）实物图；（b）内部结构图

A3144 霍尔传感器具有体积小、灵敏度高、响应速度快、温度性能好、精确度高、可靠性高等优点，常用于无触点开关、汽车点火器、制动电路、转速检测与控制、安全报警装置、纺织控制系统等领域。

2）A3144 开关型霍尔传感器模块与 Arduino 控制板连接电路图

A3144 开关型霍尔传感器模块接线要求与 S49E 线性霍尔传感器模块类似，将有文字面面向自己，1 脚接 Arduino 控制板电源＋5 V，2 脚接 Arduino 控制板 GND，由于该传感器输出为数字信号，则 3 脚要在 Arduino 控制板 1～13 的数字量输入/输出口中任选一个接入。

3）实验步骤

（1）按图将 A3144 开关型霍尔传感器模块与 Arduino 控制板完成接线，检查无误后将 Arduino 控制板上电。

（2）下载磁场强度检测程序至控制芯片中。

（3）将磁性物质 N 极、S 极反复靠近 A3144 开关型霍尔传感器模块，观察输出信号，观察 A3144 开关型霍尔传感器模块能够检测哪种磁极信号；将磁性物质 S 极尝试从正面、反面、侧面慢慢靠近 A3144 开关型霍尔传感器模块，观察输出信号的变化；将磁性物质尝试从正面、反面、侧面慢慢远离 A3144 开关型霍尔传感器模块，观察输出信号的变化。

知识拓展

生活、生产中的各类接近开关及选择

接近开关能检测到物体的距离被称作动作距离，不同的接近开关动作距离不同。有时被检测物体是按一定的时间间隔，一个接一个地移向接近开关，又一个一个地离开，这样不断地重复。不同的接近开关，对检测对象的响应能力是不同的。这种响应特性被称为"响应频率"。

常见的接近开关除电容式、电感式和霍尔式之外，还有光电式、热释电式和其他类型的接近开关。

1）光电式接近开关

利用光电效应做成的开关叫光电开关。将发光器件与光电器件按一定方向装在同一个检测头内，当有反光面（被检测物体）接近时，光电器件接收到反射光后便在信号中输出，由此便可感知有物体接近。

2）热释电式接近开关

用能感知温度变化的元件做成的开关叫热释电式接近开关。这种开关是将热释电器件安装在开关的检测面上，当有与环境温度不同的物体接近时，热释电器件的输出便发生变化，由此便可检测出有物体接近。

3）其他型式的接近开关

当观察者或系统对波源的距离发生改变时，接近到的波的频率会发生偏移，这种现象称为多普勒效应，声呐和雷达就是利用这个效应的原理制成的。利用多普勒效应可制成超声波接近开关、微波接近开关等。当有物体移近时，接近开关接收到的反射信号会产生多普勒频移，由此可以识别出有无物体接近。

接近开关在航空航天技术以及工业生产中都有广泛的应用。在日常生活中如宾馆、饭店、车库的自动门及自动热风机上都有应用。在安全防盗方面，如资料档案、财会、金融、博物馆、金库等重地，通常都装有由各种接近开关组成的防盗装置。在测量技术中，如长度、位置的测量；在控制技术中，如位移、速度、加速度的测量和控制，也都使用着接近开关。

1. 选用注意事项

在一般的工业生产场所，通常都选用涡流式接近开关和电容式接近开关，因为这两种接近开关对环境的要求条件较低。当被测对象是导电物体或可以固定在一块金属物上的物体时，一般都选用涡流式接近开关，因为它的响应频率高、抗环境干扰性能好、应用范围广、价格较低。若所测对象是非金属（或金属）或液位高度、粉状物高度、塑料、烟草等，则应选用电容式接近开关。这种开关的响应频率低，稳定性好，但安装时应考虑环境因素的影响。

若被测物为导磁材料或者为了区别和它在一同运动的物体而把磁钢埋在被测物体内时，应选用霍尔接近开关，它的价格最低。

在环境条件比较好、无粉尘污染的场合，可采用光电接近开关。光电接近开关工作时对被测对象几乎无任何影响。因此,在要求较高的传真机上及精密机械上都被广泛地使用。在防盗系统中,自动门通常使用热释电接近开关、超声波接近开关、微波接近开关。有时为了提高识别的可靠性,上述几种接近开关往往被复合使用。

无论选用哪种接近开关,都应注意对工作电压、负载电流、响应频率和检测距离等各项指标的要求。

2. 传感器选型指南

传感器选择的依据是合适的传感器原理,这取决于将要测定的目标的材料。如果目标是金属的,那么需要一个电感式传感器;如果目标是塑料、纸做的,或(油基或水基)流体、颗粒或者粉末,那么需要一个电容式传感器;如果目标带有磁性,那么电磁式传感器是合适的。

选择最佳传感器通常有 4 个步骤:按外壳形状→按动作距离→按电气数据和输出形式→按其他技术参数。

1)按外壳形状

常见的接近开关按外壳形状有矩形传感器、槽形传感器和圆柱形传感器。这类传感器在它们的正面有一个感应区域,指向轴线方向。现有的直径是从 3mm(没有螺纹)和 4mm(有螺纹),一直到 30 mm 均有。现有的罩壳材料有高级不锈钢、黄铜、镀镍或者聚四氟乙烯、塑料,其需要根据安装的位置选择合适的接近开关外壳和材质。

2)按动作距离

动作距离是接近开关的一个最重要的特征。根据物理原理,对于电感传感器和电容传感器,可以应用下面的近似公式:

$$S \leqslant D/2$$

式中:D——传感器的传感面直径;

S——传感器的动作距离。

动作距离是指当用标准测试板轴向接近开关感应面,使开关输出信号发生变化时测量的开关感应面和测试板之间的距离。

3)按电气数据和输出形式

直流二线制接近开关中负载必须串接在传感器内进行工作,有短路保护和极性变换保护。

直流三线制接近开关的电源和负载必须分开连接,应具有过载保护、短路保护和极性保护,它们的剩余电流可以忽略不计。

直流四线制接近开关的要求与三线制相同,只是同时提供一个常闭和一个常开输出。

交流二线制接近开关负载必须串接在传感器内工作。根据其功能,在开关断开的情况下会有一个小的剩余电流过,接通时会有一个电压降。

NAMUR 型二型二线制接近开关是一种仅仅包含振荡器的二线制传感器,该传感器的内阻随着干预目标的远近而发生变化,相应的电流也随之变化。

4)按其他技术参数

接近开关常见的技术参数如下:

(1)空载电流是指传感器自身所需的电流,即在没有负载时测量。

（2）工作电流（持续电流）是指连续工作时的最大负载电流。

（3）瞬时电流是指在开关闭合时不会损坏传感器的短时间内允许出现的电流。

（4）剩余电流是指传感器断开时，流过负载的电流。

（5）工作电压是指供电电压范围。在这个电压范围内，传感器可以保证安全工作。对于 NAMUR 传感器，必须标明额定电压。

（6）电压降是指传感器接通时在传感器两端或者输出端测量得到的电压。

（7）纹波电压是指叠加在工作电压之上的交流电压（峰—峰值），常用算术平均值的百分比来表示。

（8）开关频率是指从衰减状态转变到没有衰减状态的变换的最大次数，用赫兹（Hz）来度量。

（9）允许干扰电压是指作用在电源上的短时间的电压尖峰，可能会损坏无保护的传感器。接通延时是指从接近开关的电源电压接上，到该接近开关开始工作所需要的时间。

（10）对误脉冲抑制是指当工作电压加上时，能够在较短的时间阶段里抑制错误信号的输出。

（11）短路保护，如果极限电流超过的话，输出会周期性地封闭和释放，直至短路消除。

（12）极性保护，直流传感器具有防止输入电源电压极性误接的保护功能。

（13）过载保护，任何过载对传感器均无损害断路保护。

（14）断路保护，电源线断路不会引起误动作。

思考与练习

1. 填空题

（1）接近开关是一种具有感知物体_____能力的元器件，它输出相应的_____信号。

（2）接近开关的输出状态为 NO 时，其触点为_____触点；接近开关的输出状态为 NC 时，其触点为_____触点。

（3）电感式接近开关主要用于检测_____物体。

（4）电容式物位传感器是利用被测物不同，其_____不同的特点进行检测的。

（5）电感式传感器依据结构，分为_____传感器和_____传感器。

（6）霍尔式传感器依据输出不同可分为_____和_____，只能检测_____物体。

2. 单项选择题

（1）适合在恶劣环境下使用的接近开关是（　　）。

A. 光电开关　　　　　　　　　B. 电容式接近开关

C. 霍尔开关　　　　　　　　　D. 电感式接近开关

（2）可以整体安装在金属中使用的接近开关是（　　　）。

A. 光电开关　　　　　　　　　　　　　B. 电容式接近开关

C. 磁性开关　　　　　　　　　　　　　D. 电感式接近开关

（3）以下哪种传感器不能用于检测电机转速？（　　　）

A. 光电开关　　　　　　　　　　　　　B. 限位开关

C. 霍尔开关　　　　　　　　　　　　　D. 电感式接近开关

3. 判断题

（1）接近开关的设定距离一般要比额定动作距离大。（　　　）

（2）检测高速电机的转速，应该选择响应频率高的接近开关。（　　　）

（3）导电式液位传感器是利用水具有一定导电性这个特点测量水位的。（　　　）

（4）压差式液位传感器是根据液面的高度与液压成比例的原理制成的。（　　　）

（5）物位即物体的位置，包含液位和料位。（　　　）

（6）电感式传感器擅长测量小位移，因此常用作粗糙度和平整度的检测。（　　　）

4. 简答题

（1）列举 5 种常用的物位传感器及其工作原理。

（2）列举 5 种常用的物位传感器的工作场合。

（3）请列举两种电容式传感器的应用。

（4）电感式传感器的基本原理是什么？可分成几种类型？

模块五

位移检测

本模块主要介绍光栅位移传感器、磁栅位移传感器、角编码器和超声波传感器的工作原理、基本结构、工作过程及应用特点，并能根据工程要求正确安装和使用相关传感器。

【学习目标】

知识目标

（1）能说出光栅位移传感器、磁栅位移传感器、角编码器、超声波传感器的工作原理及特点；

（2）能说出光栅位移传感器、磁栅位移传感器、角编码器、超声波传感器的分类及应用；

（3）能说出光栅位移传感器、磁栅位移传感器、角编码器、超声波传感器的区别及应用场合。

能力目标

（1）能够按照电路要求对光栅位移传感器、磁栅位移传感器、角编码器、超声波传感器进行正确接线，并且会使用万用表检测电路；

（2）能够分析光栅位移传感器、磁栅位移传感器、角编码器、超声波传感器检测到的数据；

（3）能根据生产现场实际情况选择合适的位移传感器开关。

素养目标

（1）培养良好的职业道德，严格遵守本岗位操作规程；

（2）培养良好的团队精神和沟通协调能力；

（3）培养安全意识，实验前做好自我防护。

位移是表示物体位置变化的物理量。根据位移量的形式，位移检测可分为直线位移检测和角位移检测。

直线位移是指质点由初位置到末位置的有向线段，其大小与路径无关，方向由起点指向终点（矢量）。直线位移的单位为米（m），此外还有毫米（mm）、千米（km）等。

角位移是描述物体转动时位置变化的物理量，通常是指任意线段（或平面）由原始位置到新位置转过的角度，单位为弧度（rad），此外还有度（°）、分（′）、秒（″）等。1 rad = $360°/(2\pi)$。

根据位移量的大小，位移检测可分为小位移检测和大位移检测。大位移检测的范围可达100 m，可用光栅、磁栅、容栅、角编码器（须增加角度 – 直线转换元件）等传感器来检测；小位移检测的范围小于200 mm，可用电感式、涡流式、霍尔式、激光式、光纤式以及纳米式等传感器来检测。位移传感器按输出信号的类型可分为模拟式位移传感器和数字式位移传感器两类。大多数大位移传感器属于数字式位移传感器，大多数小位移传感器属于模拟式位移传感器。

在机械工程中，还经常要求测量零部件（以下简称工件）的尺寸。工件尺寸的变化可以转换为机械位移的变化。例如，工件的长度、厚度、高度、距离、物位、角度、表面粗糙度等都可以用直线位移或角位移传感器来检测。

项目一　利用光栅位移传感器检测位移

本项目中主要学习光栅的工作原理、特点及应用，认识光栅的外观和结构，会用光栅进行位移的测量。

请查找资料向同学们介绍数控机床上常用的传感器及其所起的作用。

任务一　认识光栅位移传感器

光栅传感器实际上是光电传感器的一个特殊应用，在高精度的数控机床上，目前大量使用光栅作为位移和角度的检测反馈器件，构成闭环控制系统。图 5 – 1 – 1 所示为常用的各种光栅。

图 5 – 1 – 1　光栅

1. 光栅的种类和结构

光栅是利用光的透射、衍射现象制成的光电检测元件，它主要由标尺光栅和光栅读数头

101

两部分组成。通常，标尺光栅固定在机床的活动部件上（如工作台或丝杠），光栅读数头安装在机床的固定部件上（如机床底座），两者随着工作台的移动而相对移动。在光栅读数头中安装着一个指示光栅，当光栅读数头相对于标尺光栅移动时，指示光栅便在标尺光栅上移动。当安装光栅时，要严格保证标尺光栅和指示光栅的平行度以及两者之间的间隙（一般取 0.05 mm 或 0.1 mm）要求。

1）光栅的种类

光栅种类很多，可分为物理光栅和计量光栅。物理光栅主要是利用光的衍射现象，常用于光谱分析和光波波长测定，而在检测技术中常用的是计量光栅。计量光栅按其形状和用途可以分成长光栅（或直线光栅）和圆光栅两类。前者用于直线位移的测量，后者用于角位移的测量；按光线的走向可分成透射光栅和反射光栅。透射光栅是在透明的光学玻璃上，刻制平行且等距的密集线纹，利用光的透射现象而形成的光栅；反射光栅一般是在不透明的金属材料（如不锈钢）上，刻制平行且等距的密集线纹，利用光的全反射或漫反射现象而形成的光栅。本项目以透射式光栅为例介绍其外观结构及工作原理。

2）光栅的结构

光栅检测装置主要由光源、聚光镜、短光栅（指示光栅）、长光栅（标尺光栅）、硅光电池组等光电元件组成，图 5-1-2 所示为其外观及基本组成。

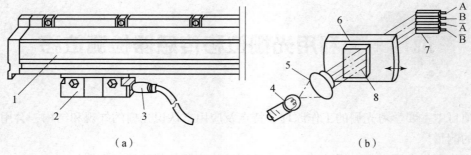

图 5-1-2　光栅的结构

（a）外观；（b）基本组成

1—光栅尺；2—扫描头；3—电缆；4—光源；5—聚光镜；

6—标尺光栅；7—硅光电池；8—指示光栅

通常标尺光栅固定在机床活动部件（如工作台）上，指示光栅连同光源、聚光镜及光电池组等安装在机床的固定部件上，标尺光栅和指示光栅间保持一定的间隙，重叠在一起，并在自身平面内转一个很小的角度 θ，如图 5-1-3 所示。

2. 光栅的工作原理

光栅是利用莫尔条纹现象来进行测量的。莫尔（Moire）法文的原意是水面上产生的波纹。莫尔条纹是指两块光栅叠合时，出现光的明暗相间的条纹，从光学原理来讲，如果光栅栅距与光的波长相比较很大的话，就可以按几何光学原理来进行分析。图 5-1-4 所示为两块栅距相等的光栅叠合在一起，并使它们的刻线之间的夹角为 θ，这时光栅上会出现若干条明暗相间的条纹，这就是莫尔条纹。

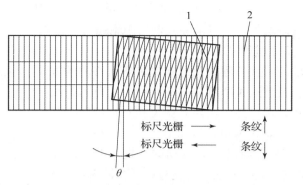

图 5-1-3　指示光栅和标尺光栅

1—指示光栅；2—标尺光栅

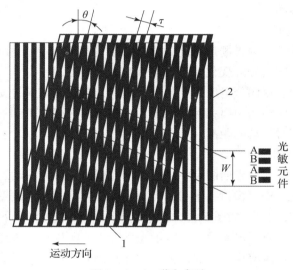

图 5-1-4　莫尔条纹

1—指示光栅；2—标尺光栅

图 5-1-4 中相邻两条亮带（或暗带）之间的距离称为莫尔条纹的纹距 W，则 W 与光栅的栅距 τ、两光栅线纹间的夹角 θ（θ 较小时）之间的关系可近似地表示成 $W = \dfrac{\tau}{\theta}$。

1）光栅莫尔条纹的特点

（1）当用平行光束照射光栅时，透过莫尔条纹的光强度分布近似于余弦函数。

（2）莫尔条纹具有放大作用，莫尔条纹宽度把光栅栅距放大 $1/\theta$ 倍。

若取 $\tau = 0.01$ mm，$\theta = 0.01$ rad，则由上式可得 $W = 1$ mm。这说明，利用光的干涉现象，就能把光栅的栅距转换成放大 100 倍的莫尔条纹的宽度。这种放大作用是光栅的一个重要特点。

（3）莫尔条纹的移动与两光栅之间的相对移动具有对应关系，即当两光栅相对移动时，莫尔条纹就沿垂直于光栅运动的方向移动，并且光栅每移动一个栅距 τ，莫尔条纹就准确地移动一个纹距 W，只要测出莫尔条纹的数目，即可知道光栅移动了多少栅距。

（4）由于莫尔条纹是由若干条光栅线纹共同干涉形成的，所以莫尔条纹对光栅个别线纹之间的栅距误差具有平均效应，能消除光栅栅距不均匀所造成的影响。

2）位移量检测的工作过程

根据上述莫尔条纹的特性，假如我们在莫尔条纹移动的方向上开 4 个观察窗口，且使这 4 个窗口两两相距 1/4 莫尔条纹宽度，即 $W/4$。由上述讨论可知，当两光栅尺相对移动时，莫尔条纹随之移动，从 4 个观察窗口可以得到，4 个在相位上依次超前或滞后（取决于两光栅尺相对移动的方向）1/4 周期（即 $\pi/2$）的近似于余弦函数的光强度变化过程，如图 5-1-5 所示。若采用光敏元件来检测，则光敏元件把透过观察窗口的光强度变化转换成相应的电压信号，根据这 4 个电压信号可以检测出光栅尺的相对移动。

（1）位移大小的检测。

由于莫尔条纹的移动与两光栅尺之间的相对移动是相对应的，故通过检测 4 个电压信号的变化情况便可相应地检测出两

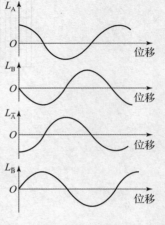

图 5-1-5 光敏元件输出波形

光栅尺之间的相对移动。这四个电压每变化一个周期，即莫尔条纹每变化一个周期，表明两光栅尺相对移动了一个栅距的距离；若两光栅尺之间的相对移动不到一个栅距，则根据电压之值也可以计算出其相对移动的距离。

（2）位移方向的检测。

在图 5-1-4 中，若标尺光栅固定不动，指示光栅沿正方向移动，这时莫尔条纹相应地沿向下的方向移动，透过观察窗口 A 和 B，光敏元件检测到的光强度变化过程 L_A 和 L_B 及输出的相应的电压信号 U_A 和 U_B 如图 5-1-6（a）所示，在这种情况下，U_A 滞后 U_B 的相位为 $\pi/2$；反之，若标尺光栅固定不动，则指示光栅沿负方向移动，这时，莫尔条纹则相应地沿向上的方向移动，透过观察窗口，光敏元件检测到的光强度变化量及输出的相应电压信号如图 5-1-6（b）所示，在这种情况下，U_A 超前 U_B 的相位为 $\pi/2$。因此，根据 U_A 和 U_B 两信号相互间的超前和滞后关系，便可确定出两光栅尺之间的相对移动方向。

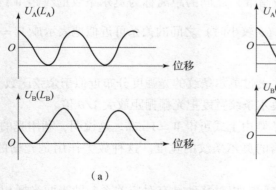
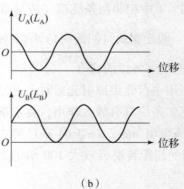

（a）　　　　　　　　　　　　　（b）

图 5-1-6 光栅位移检测波形图
（a）指示光栅正方向移动时的波形图；（b）指示光栅负方向移动时的波形图

3. 光栅的特点

光栅是利用光学原理进行工作，因而不需要复杂的电子系统。它具有测量精度高的优点（在大量程测量位移方面，仅次于激光式测量，而在圆分度和角位移连续测量方面，精度最高）；大量程测量兼有高分辨率；响应速度快，可实现动态测量，易于实现测量与数据处理的自动化；具有较强的抗干扰能力。但光栅尺价格较昂贵，对工作环境要求较高，油污和灰尘会影响它的可靠性；玻璃光栅尺的线胀系数与机床不一致，易造成测量误差。故其主要适用于实验室或环境较好的车间使用。

4. 光栅的应用

光栅传感器在几何测量领域有着广泛的应用，除了在与直线位移和角位移测量有关的精密仪器使用外，在测量振动、速度、应力、应变等机械测量中也有应用。

图 5-1-7 所示为光栅测量系统，A、B 两组光电池用于接收光栅移动时产生的莫尔条纹明暗信号，其中 A、$\overline{A}$（或 B、$\overline{B}$）为差动信号，起到抗传输干扰的作用；A 组和 B 组的光电池之间彼此错开 $W/4$，使莫尔条纹经光电转换后形成的脉冲信号相位差90°，这样可根据相位的超前和滞后来判别光栅移动的方向。

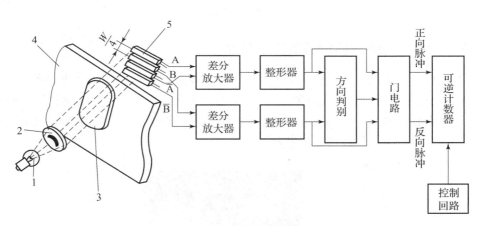

图 5-1-7 光栅测量系统
1—光源；2—聚光镜；3—指示光栅；4—标尺光源；5—光电池组

上述两组信号，经差动放大、整形和鉴相等电路的处理后，如图 5-1-8 所示，即可根据莫尔条纹的移动方向形成正向脉冲或反向脉冲，用可逆计数器进行计数，测量出光栅的实际位移。

5. 光栅的安装

光栅的安装比较灵活，可安装在机床的不同部位。一般将标尺光栅固定在机床的活动部件上，光栅扫描头安装在机床的固定部件上，也可以将标尺光栅安装在机床的固定部件上，把光栅扫描头（或读数头）固定在机床的活动部件上（此时输出电缆线的固定）。为保证光栅传感器的稳定性、延长使用寿命，建议使用前一种安装方法。合理的安装方式还要考虑到切屑、切削冷却液等的溅落方向，要防止它们侵入光栅内部。

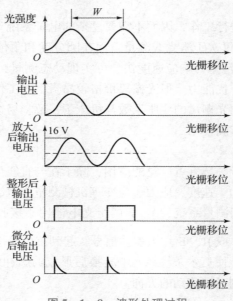

图 5 - 1 - 8　波形处理过程

任务二　利用光栅位移传感器检测位移

近年来光栅检测装置在数控机床上的使用占据主要地位，其分辨率高达纳米级；测量速度高达 480 m/min；测量长度高达 100 m 以上；可实现动态测量，易于实现测量及数据处理的自动化；具有较强的抗干扰能力。高精度、高切削速度的数控机床通常采用光栅检测位移，图 5 - 1 - 9 所示为线位移光栅传感器。

图 5 - 1 - 9　线位移光栅传感器实物图

1. 光栅传感器的选择

（1）对于数控机床，不要单纯地追求高精确度的光栅传感器，要根据光栅传感器的信号期大小及设定控制系统的细分份数进行选择，使数控机床有合适的分辨率。

（2）测量范围和量程。传感器的测量范围要满足系统要求，并留有余地。

（3）根据机床机械结构和伺服系统的要求，选择合适的机械安装结构以及电气接口形式。

2. 光栅传感器的安装

（1）长光栅传感器的安装比较灵活，可安装在机床的不同部位。一般将长光栅（标尺光栅）安装在机床的工作台（滑板）上，随机床走刀而动，短光栅（指示光栅）安装在计数头中，读数头固定在床身上。两光栅尺上的刻线密度均匀且相互平行放置，并保持一定的间隙（0.05 mm 或 0.1 mm），读数头与光栅尺尺身之间的间距为 1~1.5 mm，且安装时必须注意切屑、切削液及油液的溅落方向。

（2）如果光栅的长度超过 1.5 m，则不仅要安装两端头，还要在整个标尺光栅尺身中有支撑。

（3）光栅传感器全部安装完以后，一定要在机床导轨上安装限位装置，以免机床加工产品移动时读数头冲撞到主尺两端，从而损坏光栅尺。

（4）对于一般的机床加工环境来讲，铁屑、切削液及油污较多，因此光栅传感器应安装防护罩。

3. 光栅传感器使用时注意事项

（1）定期检查各安装连接螺钉是否松动。

（2）定期用乙醇混合液（各 50%）清洗、擦拭光栅尺面及指示光栅面，保持玻璃光栅尺面清洁，以保证光栅传感器使用的可靠性。

（3）严禁剧烈振动及摔打，以免损坏光栅尺。

（4）不要自行拆开光栅传感器，更不能任意改动主栅尺与副栅尺的相对间距，否则一方面可能会破坏光栅传感器的精度，另一方面还可能造成主栅尺与副栅尺的相对摩擦，损坏铬层也就损坏了栅线，从而造成光栅尺报废。

（5）光栅传感器应尽量避免在有严重腐蚀作用的环境中工作，以免腐蚀光栅铬层及光栅尺表面，影响光栅传感器的质量。

4. 读取数据

移动工作台，可以从光栅的数字显示装置读取移动数据。多尝试几次，将数据记录下来，体会光栅测位移的优势。

项目二 利用磁栅位移传感器检测位移

本项目主要学习各种常用磁栅测量装置的基本结构、工作过程及应用特点，并能根据工程要求正确选择、安装和使用。

数控机床上常用光栅和磁栅检测位移，请你查找资料，向同学们介绍光栅和磁栅的区别，以及什么时候用光栅、什么时候用磁栅。

任务一 认识磁栅位移传感器

磁栅是一种新型位置检测传感器。与其他类型的位置检测元件相比，磁栅传感器具有制作简单、录磁方便、易于安装与调整、测量范围宽可达 30 m、无须接长、抗干扰能力强等一系列优点，因而在大型机床的数字检测及自动化机床的定位控制等方面得到了广泛的应用，但要注意防止退磁和定期更换磁头。

磁栅又称磁尺，是一种磁电转换器。它是利用电磁特性和录磁原理进行位移检测的元件，是一种计算磁波数目的位置检测装置，图 5-2-1 所示为各种常用的磁栅。

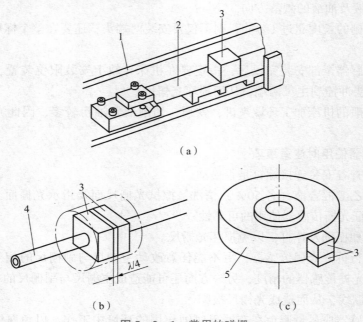

（a）

（b） （c）

图 5-2-1 常用的磁栅

（a）带状磁栅；（b）线状磁栅；（c）圆形磁栅

1—框架；2—带状磁尺；3—磁头；4—磁尺；5—磁盘

1. 磁栅的结构和种类

1）磁栅的结构

磁栅检测装置主要由磁栅（磁尺）、磁头和检测电路组成，如图 5-2-2 所示。在磁性标尺上，有用录磁磁头录制的具有一定波长的方波或正弦波信号。检测时，拾磁磁头读取磁性标尺上的方波或正弦波电磁信号，并将其转化为电信号，根据此电信号，实现对位移的检测。

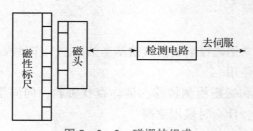

图 5-2-2 磁栅的组成

（1）磁栅。磁栅是一种录有磁化信息的标尺，常采用铜、不锈钢、玻璃等非导磁材料作为基体，在上面镀上一层 $10 \sim 30 \ \mu m$ 厚的高导磁性材料，形成均匀磁膜，再用录磁磁头在磁膜上记录相等节距的周期性磁化信号（如方波和正弦波等），用以作为测量基准，如图 5-2-3 所示。这些磁信号就是一个个按 SN-NS-SN-NS-… 方向排列的小磁体。最后在磁膜的表面涂上一层 $1 \sim 2\ \mu m$ 厚的保护层，以防磨损。

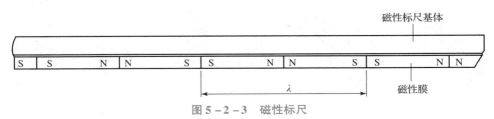

图 5 - 2 - 3 磁性标尺

（2）磁头。拾磁磁头是进行磁电转换的器件，它将磁性标尺上的磁信号检测出来，并转换成电信号。磁栅的磁头与一般录音机上使用的单间隙速度响应式磁头不同，它不仅能在磁头与磁性标尺之间有一定相对速度时拾取信号，而且也能在它们相对静止时拾取信号。这种磁头叫作磁通响应式磁头，其结构如图 5 - 2 - 4 所示，它的一个明显的特点就是在它的磁路中设有"可饱和铁芯"，并在铁芯的可饱和段上绕有两个可产生不同磁通方向的激磁绕组 N_2 和 N_3。

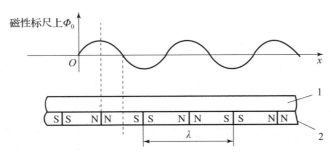

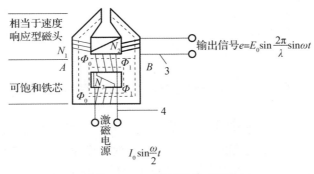

图 5 - 2 - 4 磁通响应式磁头

1—非导磁性材料基体；2—磁性膜；3—拾磁绕组；4—激磁绕组

（3）检测电路。检测电路包括磁头激磁电路、信号放大电路、滤波及辨向电路、细分内插电路、显示及控制电路等。

2）磁栅的种类

磁栅种类很多，按其结构可分为直线型磁栅和圆型磁栅，分别用于直线位移和角位移的测量。按磁栅基体的形状，磁栅可分为实体式磁栅、带状磁栅、线状磁栅和回转形磁栅。前三种磁栅用于直线位移测量，后一种用于角位移测量。各种磁尺的结构示意图如图 5 - 2 - 5 所示。

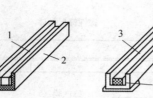
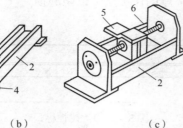
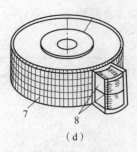

（a） （b） （c） （d）

图 5 - 2 - 5　各种磁尺结构示意图

（a）实体式磁尺；（b）带状磁尺；（c）现状磁尺；（d）回转形磁尺

1—实体尺；2—尺座（屏蔽罩）；3—带状尺；4—尺垫（泡沫塑料）；5—磁头；6—线状尺；7—磁尺；8—组合磁头

2. 磁栅的工作原理

图 5 - 2 - 6 所示为磁通响应式磁头及双磁头辨向示意图。由图可知，每个磁通响应式磁头由铁芯、两个串联的励磁绕组和两个串联的拾磁绕组（用于输出信号）组成，磁性标尺的节距为 λ。

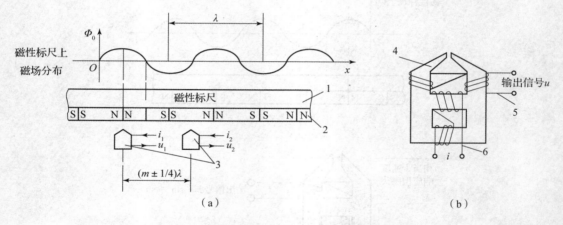

图 5 - 2 - 6　磁通响应式磁头及双磁头辨向示意图

（a）结构示意图；（b）磁头

1—非导磁性材料基体；2—磁膜；3—磁头；4—拾磁磁头；5—拾磁绕组；6—励磁绕组

当磁头的励磁绕组通入高频励磁电流 $i = I_0 \sin\omega t$ 时，则励磁电流在饱和铁芯中产生的磁通可与磁性标尺作用于磁头的磁通相叠加，使输出绕组上感应出频率为 2 倍高频励磁电流频率的输出电压，若磁头相对于磁性标尺的位移为 x，则输出电压为 $u_1 = U_m \sin\left(\dfrac{2\pi x}{\lambda}\right)\sin 2\omega t$，说明拾磁磁头输出电压的幅值是位移 x 的函数，与拾磁磁头和磁性标尺的相对速度无关。

在图 5 - 2 - 6 中，在间距为 $\left(m \pm \dfrac{1}{4}\right)\lambda$（$m$ 为正整数）的位置上安装的另一只磁头，其输出电压 u_2 与 u_1 相位差为 90°。磁头在磁性标尺上的移动方向正是通过这两个磁头输出信号的超前和滞后来进行辨别的。

3. 磁栅的特点

磁栅具有制作工艺简单，易于安装，便于调整，测量范围广，不需要接长，对使用环境的条件要求低，对周围电磁场的抗干扰能力强，在油污、粉尘较多的场合下使用有较好的稳定性等特点。此外，当需要时，可将原来的磁信号（磁栅）抹去，重新录制；可以安装在机床上后再录制磁信号。这对于消除安装误差和机床本身的几何误差，以及提高测量精度都是十分有利的。磁栅还可以采用激光定位录磁，而不需要采用感光、腐蚀等工艺，因而精度较高，可达 ±0.01 mm/m，分辨率为 1~5 nm，故在数控机床、精密机床上和各种测量机构中得到广泛应用。但磁栅的测量精度低于光栅尺，由于磁信号强度随使用时间而不断减弱，因此需要重新录磁，给使用带来不便，且目前数控机床的快速移动速度已达到 24 m/min，磁栅作为测量元件难以跟上这样高的反应速度，使其应用受到限制。

4. 磁栅的应用

1）多磁头测量

使用单磁头输出信号小，而且对磁尺上磁化信号的节距和波形精度要求高，因此不能采用饱和录磁。为此，在使用时常将几个磁头以一定的方式连接起来，组成多磁头串联方式，如图 5-2-7 所示。每个磁头以相同间距 $\lambda/2$ 配置，并将相邻两个磁头的输出线圈反相串联，其总的输出电压是每个磁头输出电压的叠加。当相邻两个磁头的间距 $\lambda_m/2$ 恰好等于磁尺上磁化信号的节距的 1/2 和 $\lambda/A_m = 3$，5，7 时，总的输出就是最大，其他情况下总的输出最小。为了辨别磁头与磁尺相对移动的方向，通常采用两组磁头彼此相距 $(m+1/4)\lambda$（m 为正整数）的配置，如图 5-2-8 所示。若以其中的一相磁头输出信号作为参考信号，则另一相将超前或滞后于参考信号 90°，由此来确定运动方向。

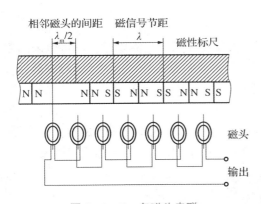

图 5-2-7 多磁头串联

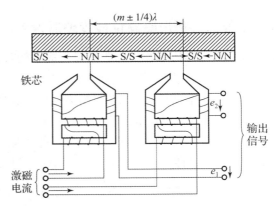

图 5-2-8 两组磁头的配置

2）磁栅检测系统

磁栅检测系统原理的方框图如图 5-2-9 所示，由脉冲发生器发出 400 kHz 脉冲序列，经 80 分频，得到 5 kHz 的激磁信号，再经带通滤波器变成正弦波后分成两路，一路经功率放大器送到第一组磁头的激磁线圈；另一路经 45° 移相，后由功率放大器送到第二组的激磁线圈，从两组磁头读出信号（e_1，e_2），由求和电路去求和，即可得到相位随位移 X 而变化的合成信号，将该信号进行放大、滤波、整形后变成 10 kHz 的方波，再与一相激磁电流（基准相位）鉴相以细分内插的原理，即可得到分辨率为 5 μm（磁尺上的磁化信号节距 200 μm）的位移测量脉冲，该脉冲可送至显示计数器或位置检测控制回路。

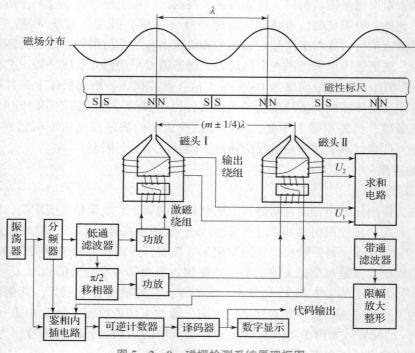

图 5 – 2 – 9　磁栅检测系统原理框图

任务二　利用磁栅位移传感器检测位移

磁栅式位移传感器又称磁栅尺，成本较低且便于安装和使用，当需要时，可将原来的磁信号（磁栅）抹去，重新录制；还可以安装在机床上后再录制磁信号。这对于消除安装误差和机床本身的几何误差，以及提高测量精度都是十分有利的，并且可以采用激光定位录磁，而不需要采用感光、腐蚀等工艺，因而精度较高，可达 ±0.01 mm/m，分辨率为 1～5 μm。磁栅式位移传感器无磨损，分辨率高，抗污能力强，环境适应性强，可代替光栅且成本低于光栅，具有较好的经济性，结构简单，安装方便。图 5 – 2 – 10 所示为磁栅式位移传感器实物图。

图 5 – 2 – 10　磁栅式位移传感器实物图

2. 磁栅式位移传感器的结构

磁栅式位移传感器整套由磁栅和磁头构成。

1）磁头

磁头有动态磁头（速度响应式磁头）和静态磁头（磁通响应式磁头）两种；动态磁头

有一个输出绕组，只有在磁头和磁栅产生相对运动时才能有信号输出；静态磁头有激磁和输出两个绕组，它与磁栅相对静止时也能有信号输出，其外观如图 5 - 2 - 11 所示。

图 5 - 2 - 11　磁栅式位移传感器静态磁头

静态磁头是用铁镍合金片叠成的有效截面不等的多间隙铁芯。激磁绕组的作用相当于一个磁开关，当对它加以交流电时，铁芯截面较小的那一段磁路每周两次被激励而产生磁饱和，使磁栅所产生的磁力线不能通过铁芯。只有当激磁电流每周两次过零时，铁芯不被饱和，磁栅的磁力线才能通过铁芯，此时输出绕组才有感应电势输出，其频率为激磁电流频率的两倍，输出电压的幅度与进入铁芯的磁通量成正比，即与磁头相对于磁栅的位置有关。

磁头制成多间隙是为了增大输出，而且其输出信号是多个间隙所取得信号的平均值，因此可以提高输出精度。静态磁头总是成对使用，其间距为 $(m + 1/4)\lambda$，其中 m 为正整数，λ 为磁栅栅条的间距，两磁头的激励电流或相位相同，或相差 $\lambda/4$。输出信号通过鉴相电路或鉴幅电路处理后可获得正比于被测位移的数字输出。

磁头上的指示灯表明设备状态，绿色表明工作正常，红色表明磁信号太弱需检查。

2）磁栅

磁栅是在不导磁材料制成的栅基上镀一层均匀的磁膜，并录上间距相等、极性正负交错的磁信号栅条制成的，图 5 - 2 - 12 所示为已加装铝制底座的磁栅。

图 5 - 2 - 12　磁栅式位移传感器磁栅

3. HT03T2M 转换模块

HT03T2M 转换模块为 4 路差分转集电极单端模块，将编码器及光栅尺差分信号转为集电极信号输出到各类 PLC 高速计数接口，可实现高速计数功能，将一路信号转换为多路信号输出到不同 PC 接口；可做 I/O 信号隔离、驱动动作频繁的负载，如电磁阀、指示灯等。其输出峰值电流为 ±2.5 A，长期运行负载电流不超过 0.6 A；可做信号电压转换，如 NPN 转 PNP、PNP 转 NPN、5 V 转 24 V。模块自带 5 V、100 mA（最大）电源一路，为接入设备模块提供电源。

该模块采用推挽式输出方式（亮灯输出正极、不亮输出负极），故兼容所有 NPN 和 PNP 的 I/O 接口；该模块体积小，寿命长，无噪声，无电磁干扰，响应速度快（频率可达 2 MHz），不丢脉冲，对外界的干扰小，输出损耗小，内置芯片防尘防污，有 IED 动作显示，输入、输出状态一目了然。其实物图如图 5 - 2 - 13 所示。

图 5 – 2 – 13　HT03T2M 转换模块

4. 利用磁栅位移传感器检测位移

（1）根据实际要求找好安装基面，把基面上清洁干净，然后用背胶把磁栅尺粘在基面上。如图 5 – 2 – 14 所示，磁栅尺可以水平安装和侧装，但应尽量避免倒置安装。

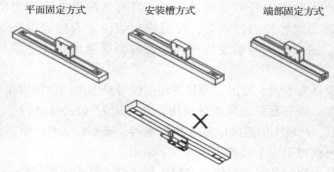

磁栅检测

图 5 – 2 – 14　磁栅尺安装方法

安装磁条时特别注意：磁条安装时，磁条不能折，如果磁条折过，那么折过的位置的精度将下降。安装磁条时，应一边撕背胶一边粘上去，应与所安装的导轨相平行。磁条安装好后，需要把保护钢条安装上，在钢条的两端打上螺钉锁上，这样磁条不容易脱落。

（2）将磁头安装在磁条上，注意磁头应与磁条平行，磁头与磁条之间的间隙应在 1 mm 左右，这样能让信号更稳定、精度更高。同时磁头指示灯只能提示工作电源磁尺信号是否正常，并不能保证安装后的测量精度，如果需要提高精度，则在安装时应尽量将磁头靠近磁尺。

（3）将磁头输出线安装在 HT03T2M 转换模块上。注意模块上的接线图标志，不要接错。

（4）线路检查无误后上电。

（5）将磁头在磁条上缓慢移动，观察 HT03T2M 转换模块上输出型号的变化，观察有信号输出时磁头的动作距离和动作速度是多少，做好记录，并分析相关数据。

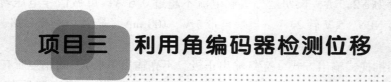

项目三　利用角编码器检测位移

本项目中主要学习各种常用的角编码器的基本结构、工作过程及应用特点，并能根据工程要求正确选择、安装和使用。

编码器是测量位移的常用工具。请查找资料，向同学们介绍编码器、角编码器、脉冲编码器有什么区别。

任务一 认识角编码器

编码器（Encoder）是将信号（如比特流）或数据进行编制、转换为可用以通信、传输和存储的信号形式的设备。编码器把角位移或直线位移转换成电信号，前者称为码盘，后者称为码尺，角编码器专门用于测量角位移。编码器按照读出方式可以分为接触式和非接触式两种；编码器按照工作原理可以分为增量式和绝对式两类。增量式编码器是将位移转换成周期性的电信号，再把这个电信号转变成计数脉冲，用脉冲的个数表示位移的大小。绝对式编码器的每一个位置对应一个确定的数字码，因此它的示值只与测量的起始和终止位置有关，而与测量的中间过程无关。

角编码器是一种旋转式位置传感器发生器，它的转轴通常与被测轴连接，与被测轴一起转动，将被测轴的角位移转换为以数字代码形式表示的二进制编码或一串脉冲。角编码器以其高精度、高分辨率和高可靠性被广泛用于各种角位移的测量。各类常见角编码器实物图如图 5 - 3 - 1 所示。

图 5 - 3 - 1 各种常用角编码器实物图

角编码器根据内部结构和检测方式的不同可以分为接触式、电磁式和光电式 3 种。

1. 角编码器的种类

1）接触式编码器

接触式编码器的优点是结构简单、体积小、输出信号强、无须放大；缺点是存在电刷的磨损问题，故寿命短，转速不能太高（几十转/分），而且精度受到最高位（最内圈上）分段宽度的限制。目前，电刷最小宽度可做到 0.1 mm 左右。最高位每段宽度可达 0.25 mm，最多可做到 11 ~ 12 位二进制（一般 9 位）。如果要求位数更多，则可用两个编码盘构成组合码盘。例如，用两个 6 位编码盘组合起来，其中一个做精测，一个做粗测，精盘转一圈，粗盘最低位刚好移过一格。这样即可得到与 11 位或 12 位相当的编码盘，既达到了扩大位数、提高精度的目的，又避免了分段宽度小所造成的困难。

2）电磁式编码器

电磁式编码盘是在导磁性较好的软铁或坡莫合金圆盘上，用腐蚀的方法做成相应码制的凹凸图形。当有磁通穿过编码盘时，由于圆盘凹下去的地方磁导小，凸起的地方磁导大，其在磁感应线圈上产生的感应电势因此而不同，因而可区分"0"和"1"，达到测量转角的目的。电磁式编码盘也是一种无接触式的编码盘，具有寿命长、转速高等优点。其精度可达到很高（达 20 位左右的二进制数），是一种有发展前途的直接编码式测量元件。

3）光电式编码器

光电式编码盘是目前用得较多的一种。该编码盘由透明与不透明的区域构成，转动时，由光电元件接收相应的编码信号。其优点是没有接触磨损，编码盘寿命长，允许转速高，而且最内层每片宽度可做得更小，因而精度较高。单个编码盘可做到 18 位二进制数，组合编码盘可达 22 位。其缺点是结构复杂，价格高，光源寿命短。光电式编码器主要由安装在旋转轴上的编码圆盘（码盘）、狭缝以及安装在圆盘两边的光源和光敏元件等组成。

本任务以数控机床上广泛使用的光电式脉冲编码器为例介绍其工作原理及应用。光电式传感器常有增量式光电编码器和绝对式编码器两种。

2. 工作原理

1）增量式光电编码器

增量式光电编码盘也称光电码盘，它结构简单，被广泛应用于各种数控机床、工业控制设备及仪器中。增量式光电编码器可分为玻璃光栅盘式、金属光栅盘式和脉冲测速电机式 3 种。

增量式光电编码器由 LED（带聚光镜的发光二极管）、光栏板、码盘、光敏元件及印制电路板（信号处理电路）组成，如图 5－3－2 所示。图 5－3－2 中码盘与转轴连在一起，它一般是由真空镀膜的玻璃制成的圆盘，在圆周上刻有间距相等的细密狭缝和一条零标志槽，分为透光和不透光两部分；光栏板是一小块扇形薄片 $\overline{B}$，制有与码盘相同的三组透光狭缝，其中 A 组与 B 组条纹彼此错开 1/4 节距，狭缝 A、$\overline{A}$ 和 B、$\overline{B}$ 在同一圆周上，另外一组透光

（a）

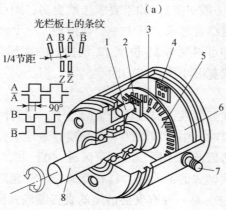

（b）

图 5－3－2　光电式编码器的实物结构图

（a）实物图；（b）结构图

1—LED；2—光栏板；3—零标志槽；4—光敏元件；5—码盘；6—印制电路板；7—电源及信号线连接座；8—转轴

狭缝 Z、Z̄ 叫作零位狭缝，用以每转产生一个脉冲，光栏板与码盘平行安装且固定不动；LED 作为平行光源与光敏元件分别置于码盘的两侧。

图 5-3-3 所示为增量式光电编码器工作示意图。编码器光源产生的光经光学系统形成一束平行光投射在码盘上，当码盘随轴一起，每转过一个缝隙就发生一次光线的明暗变化，由光敏元件接收后，变成一次电信号的强弱变化，这一变化规律近似于正弦函数。光敏元件输出的信号经信号处理电路的整形、放大和微分处理后，便得到脉冲输出信号，如图 5-3-4 所示。脉冲数就等于转过的缝隙数（即转过的角度），脉冲频率就表示了转速。

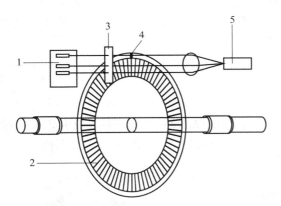

图 5-3-3 增量式光电脉冲编码器工作示意图
1—光敏元件；2—码盘；3—光栏板；4—零标志槽；5—光源

图 5-3-4 增量式光电脉冲编码器输出信号

由于 A 组与 B 组的狭缝彼此错开 1/4 节距，故此两组信号有 90° 相位差，用于辨向，即光电码盘正转时 A 信号超前 B 信号 90°；反之，B 信号超前 A 信号 90°，如图 5-3-4 所示。

在数控机床上为了提高光电式编码器输出信号传输时的抗干扰能力，要利用特定的电路把输出信号 A、B、Z 进行差分处理，得到差分信号 A、Ā、B、B̄、Z、Z̄，它们的波形如图 5-3-5 所示，其特点是两两反相。其中 Z、Z̄ 差动信号对应于码盘上的零标志槽，产生的脉冲为基准脉冲，又称零点脉冲，它是轴旋转一周在固定位置上产生的一个脉冲，可用于机床基准点的找正。

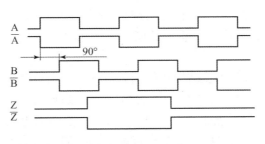

图 5-3-5 差分信号波形图

增量式光电编码器的测量精度取决于它所能分辨的最小角度，这与码盘圆周内的狭缝数有关，其分辨角 $\alpha = 360°/$ 狭缝数。

2）绝对式脉冲编码器

增量型编码器存在零点累计误差、抗干扰较差、接收设备的停机需断电记忆、开机应找零或参考位等问题，这些问题如选用绝对型编码器则可以解决。与增量式编码器不同的是，绝对式编码器通过读取编码盘上的图案直接将被测角位移用数字代码表示出来，且每一个角度位置均有对应的测量代码，因此这种测量方式即使断电也能测出被测轴的当前位置，即具有断电记忆功能。

图5-3-6所示为一个4位二进制接触式编码盘的示意图，图5-3-6（a）中码盘与被测轴连在一起，涂黑的部分是导电区，其余是绝缘区，码盘外四圈按导电为"1"、绝缘为"0"组成二进制码。通常把组成编码的各圈称为码道，对应于4个码道并排安装有4个固定的电刷，电刷经电阻接电源负极。码盘最里面的一圈是公用的，它和各码道所有导电部分连在一起接电源正极。当码盘随轴一起转动时，与电刷串联的电阻上将出现两种情况：有电流通过，用"1"表示；无电流通过，用"0"表示。此时，即出现相应的二进制代码，其中码道的圈数为二进制的位数，高位在内、低位在外，如图4-3-6（b）所示。图4-3-6（c）所示为4位格雷码盘，其特点是任何两个相邻数码间只有一位是变化的，可减少因电刷安装位置或接触不良而造成的读数误差，所以目前绝对式编码器大多采用格雷码盘。

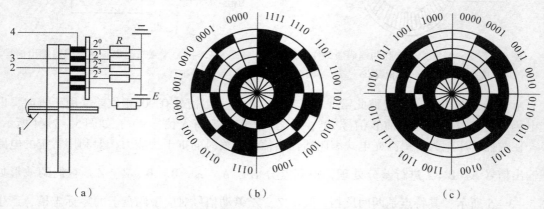

图5-3-6　接触式编码盘

1—转轴；2—导电体；3—绝缘体；4—电刷

通过上述分析可知，对于一个 n 位的二进制码盘，就有 n 圈码道，且圆周均分 $2n$ 等份，即共用 2^n 个数据来表示其不同的位置，其能分辨的角度为 $\alpha = 360°/2^n$。显然，位数越大，测量精度越高。

绝对式光电码盘与接触式码盘结构相似，只是将接触式码盘导电区与绝缘区改为透光区和不透光区，由码道上的一组光电元件接受相应的编码信号，即受光输出为高电平（用"1"表示），不受光输出为低电平（用"0"表示）。这样无论码盘转到哪一个角度位置，均对应唯一的编码。光电码盘的特点是没有接触磨损、码盘寿命高、允许转速高、精度高，但结构复杂、光源寿命短。

3. 脉冲编码器的特点

脉冲编码器具有高精度、高分辨力、高可靠性及响应速度快等特点，其缺点是抗污染能力差，容易损坏。脉冲编码器按其编码的处理形式不同可分为增量式和绝对式两种类型。增量式测量的特点是只测量位移的增量，这种检测方式结构比较简单，但缺陷是一旦计数有误，此后的测量结果全错，或发生故障（如断电等），排除后不能找到事故前的正确位置；绝对式测量的特点是被测量的任一点的位置都是从一个固定的零点算起，每个被测点都有相应的测量值，常以数据形式表示，因此不易被丢失。

4. 脉冲编码器的应用

编码器作为位置检测装置传动控制的重要组成部分，其作用就是检测位移量，并发出反馈信号与控制装置发出的指令信号相比较，若有偏差，经放大后控制执行部件使其向着消除偏差的方向运动，直至偏差等于零为止。编码器作为信号检测的方法，已经广泛用于数控机床、纺织机械、冶金机械、石油机械、矿山机械、印刷包装机械、塑料机械、试验机、电梯、伺服电动机、航空、仪器仪表等工业自动化领域。

光电式脉冲编码器在数控机床中与伺服电动机同轴相连成一体，并与滚珠丝杠接在一起置于进给传动链的前端，或与滚珠丝杠连接在进给传动链的末端，可用于工作台或刀架直线位移的测量；在数控回转工作台中，通过在回转轴末端安装编码器，可直接测量回转台的角位移；在数控车床的主轴上安装编码器后，可实现 C 轴控制，用以控制自动换刀时的主轴准停与车削螺纹时进刀点和退刀点的定位；在交流伺服电动机中的光电编码器可以检测电动机转子磁极相对于定子绕组的角度位置，控制电动机的运转，并可以通过频率/电压（F/U）转换电路提供速度反馈信号等。此外，在进给坐标轴中，还应用一种手摇脉冲发生器，如图 5 - 3 - 7 所示，用于慢速对刀和手动调整机床。

图 5 - 3 - 7　手摇脉冲发生器

5. 编码器的安装

1）机械方面

编码器实心轴与外部连接应避免刚性连接，即应采用弹性联轴器、尼龙齿轮或同步带连接传动，以避免因用户轴的窜动、跳动造成编码器轴系和码盘的损坏；安装编码器空心轴与电机轴是间隙配合，不能过紧或过松，定位间也不得过紧，严禁敲打装入，以免损坏轴系和码盘；有锁紧环的编码器在装入电机轴前，严禁锁紧，以防止轴壁永久变形，造成编码器的装卸困难；应保证编码器轴与用户输出轴的同轴度≤0.02 mm，两轴线的偏角≤1.5°，如图5-3-8所示；长期使用时，要检查板弹簧相对编码器是否松动、固定编码器的螺钉是否松动。

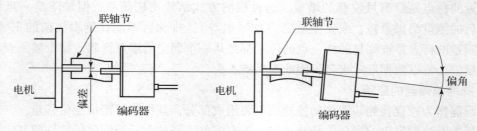

图5-3-8　角编码器轴与连接轴安装示意图

2）环境方面

角编码器是精密仪器，使用时要注意周围有无振源及干扰源；不是防漏结构的编码器不要溅上水、油等，必要时要加上防护罩；要注意环境温度、湿度是否在仪器使用要求范围之内；要避免在强电磁波环境中使用。

3）电气方面

接地线应尽量粗，直径一般应大于3 mm；不要将编码器的输出线与动力线等绕在一起或在同一管道传输，也不宜在配线盘附近使用，以防干扰；编码器的输出线彼此不要搭接，以免损坏输出电路；编码器的信号线不要接到直流电源或交流电流上，以免损坏输出电路；与编码器相连的电动机等设备，应接地良好，不要有静电；配线时，应采用屏蔽电缆；开机前，应仔细检查产品说明书与编码器型号是否相符；接线务必正确，错误接线会导致内部电路损坏，在初次启动前对未用电缆要进行绝缘处理；长距离传输时，应考虑信号衰减因素，尽量选用输出阻抗低、抗干扰能力强的输出方式。

任务二　利用角编码器检测转动角度

1. 角编码器

本任务中使用的角编码器如图5-3-9所示，为增量式光电角编码器。本任务中除了使用编码器外，还要用到直流稳压电源、示波器及脉冲计数器。

2. 增量式光电角编码器的工作原理

增量式光电角编码器输出A、B两相互差90°电度角的脉冲信号（即所谓的两组正交输出信号），从而可方便地判断出旋转方向。同时还有用作参考零位的Z相标志（指示）脉冲信号，码盘每旋转一周，只发出一个标志信号。标志脉冲通常用来指示机械位置或对积累量清零。

增量式光电角编码器主要由光源、码盘、检测光栅、光电检测器件和转换电路组成，如图5-3-10所

图5-3-9　增量式光电角编码器

示。码盘上刻有节距相等的辐射状透光缝隙，相邻两个透光缝隙之间代表一个增量周期；检测光栅上刻有 A、B 两组与码盘相对应的透光缝隙，用以通过或阻挡光源和光电检测器件之间的光线。它们的节距和码盘上的节距相等，并且两组透光缝隙错开 1/4 节距，使得光电检测器件输出的信号在相位上相差 90°电度角。当码盘随着被测转轴转动时，检测光栅不动，光线透过码盘和检测光栅上的缝隙照射到光电检测器件上，光电检测器件就输出两组相位相差 90°电度角的近似于正弦波的电信号，电信号经过转换电路的信号处理，可以得到被测轴的转角或速度信息。增量式光电编码器输出信号波形如图 5 - 3 - 11 所示。

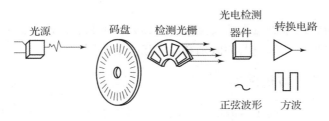

图 5 - 3 - 10 增量式光电角编码器的组成

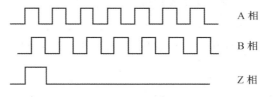

图 5 - 3 - 11 输出信号波形

3. 利用角编码器检测转动角度

（1）将电源开关关掉，使直流电源的输入断电。

（2）将角编码器电源线接到 5 V 电源上（正负极不可接反）。

（3）将编码器的 A、B 相接到脉冲计数器的输入端（按说明书的指示接）。

（4）将编码器的 Z 相接到示波器的输入端。

（5）接通电源，旋动编码器的转轴，观察脉冲计数器的读数及示波器上的波形变化。

观察旋动编码器的转轴沿顺时针方向时，读数是增加还是减少；沿逆时针方向时，读数是增加还是减少。

转轴每转动一周，在示波器上观察到一次电压为 5 V 的矩形脉冲，观察其脉宽与转速成正比还是反比。

（6）缓慢旋动编码器的转轴，通过示波器找到 Z 相脉冲，然后打开脉冲计数器，记录编码器旋转一周（两个 Z 相脉冲之间）A 或 B 相脉冲的个数。

（7）将编码器的 A、B 相接到脉冲计数器的输入端及示波器的两个输入口，观察 A、B 两相的相位角。

得到相关数据后，分析 Z 相脉冲与 A、B 相脉冲个数之间的关系；分析 A、B 相脉冲与转向之间的关系，并画出波形图。

项目四 利用超声波传感器检测距离

本任务中主要学习超声波传感器的工作原理、特点、分类及应用，会用超声波传感器进行距离检测。

超声波传感器也常用来测量距离及位移，请你查找资料，向同学们介绍超声波传感器与之前学习的光栅、磁栅、角编码器的区别和应用场合的不同。

任务一 认识超声波传感器

超声波是一种振动频率高于声波的机械波，具有频率高、波长短、绕射现象小，特别是方向性好、能够成为射线而定向传播等特点。超声波对液体、固体的穿透本领很强，尤其是在阳光不透明的固体中，它可穿透几十米的深度。超声波碰到杂质或分界面会产生显著反射形成反射回波，碰到活动物体能产生多普勒效应。超声波传感器是利用超声波的特性研制而成的传感器，超声波检测广泛应用于工业、国防和生物医学等方面。常见的超声波传感器如图5-4-1所示。

（a）　　　　　　　（b）　　　　　　　（c）

（d）　　　　　　　（e）　　　　　　　（f）

图5-4-1 常用的超声波传感器

（a）超声波测速计；（b），（f）超声波液位计；（c）超声波测厚仪；

（d）超声波探伤仪；（e）超声波流量计

1. 超声波介绍

1）超声波

声波是一种机械波。当发声体产生机械振动时，周围弹性介质中的质点随之振动，这种振动由近至远进行传播，就是声波。人能听见声波的频率为20 Hz～20 kHz，超出此频率范围的声音，即20 Hz以下的声波称为次声波，20 kHz以上的为超声波，超声波的频率可以高达1 011 Hz，而次声波的频率可以低达10～8 Hz。声波频率范围如图5-4-2所示。

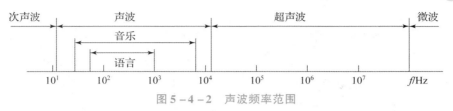

图 5 - 4 - 2　声波频率范围

2）超声波的特性

超声波的特性主要表现为束射特性、吸收特性和能量传递特性等。

（1）超声波的波形。

声源在介质中施力的方向与波在介质中传播的方向不同，声波的波形则不同。依据超声场中质点的振动与声能量传播方向的不同，超声波的波形一般分为纵波、横波和表面波 3 种。其中，纵波是质点的振动方向与波的传播方向一致，并能在固体、液体和气体介质中传播；横波即质点的振动方向垂直于波的传播方向，只能在固体介质中传播；而表面波即质点的振动介于纵波和横波之间，沿着介质表面传播，振幅随深度的增加而迅速衰减，表面波质点振动的轨迹是椭圆形，质点位移的长轴垂直于传播方向，质点位移的短轴平行于传播方向。表面波只能在固体表面传播。

（2）超声波的波速。

超声波在不同的介质中（气体、液体、固体）的传播速度是不同的，传播速度与介质密度和弹性系数以及声阻抗有关。不同波形超声波的传播速度也不相同：在固体中，纵波、横波及其表面波三者的声速有一定的关系，通常可认为横波的声速为纵波的一半，表面波的声速为横波声速的 90%；气体中的纵波声速为 344 m/s，液体中的纵波声速为 900 ~ 1 900 m/s。

（3）超声波的反射和折射。

当超声波从一种介质传播到另一种介质时，在两介质的分界面上将发生反射和折射，如图 5 - 4 - 3 所示。其中，能返回原介质的称为反射波；透过介质表面，能在另一种介质内继续传播的称为折射波。在某种情况下，超声波还能产生表面波，其各种波形都符合反射和折射定律。

（4）超声波的衰减。

超声波在介质中传播时，随着距离的增加，能量逐渐衰减，衰减的程度与超声波的扩散、散射及吸收等因素有关。

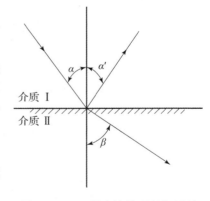

图 5 - 4 - 3　超声波的反射与折射

2. 超声波传感器的组成

超声波传感器是产生超声波和接收超声波的装置，习惯上称为超声波换能器或超声波探头。超声波传感器的主要组成部分是压电陶瓷，分别利用压电晶体的压电效应与电致伸缩效应构成发射传感器（简称发射探头）和接收传感器（简称接收探头）两部分，利用波的传输特性实现对各种参量的测量，属典型的双向传感器。超声波传感器的外形结构如图 5 - 4 - 4 所示。

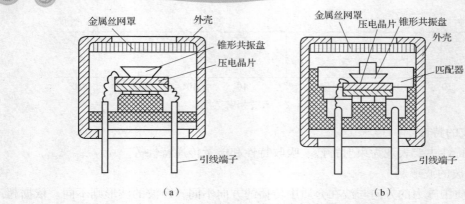

图 5 - 4 - 4　超声波传感器的组成

（a）发送部件；（b）接收部件

3. 超声波传感器的工作原理

超声波传感器是利用压电晶体的压电效应和电致伸缩效应，将机械能与电能相互转换，并利用波的传输特性实现对各种参量的测量的。如图 5 - 3 - 4 所示，当从超声波发射探头输入频率为 40 kHz 的脉冲电信号时，压电晶体因变形而产生振动，振动频率在 20 kHz 以上，由此形成了超声波，该超声波经锥形共振盘共振放大后定向发射出去；接收探头接收到发射的超声波信号后，促使压电晶片变形而产生电信号，通过放大器放大电信号。

4. 超声波传感器的应用

超声波对液体、固体的穿透本领很强，尤其是在阳光不透明的固体中，它可穿透几十米的深度。超声波碰到杂质或分界面会产生显著反射形成反射回波，碰到活动物体能产生多普勒效应。因此超声波检测广泛应用于工业、国防、生物医学等方面。此外，超声波距离传感器广泛应用于物位（液位）监测、机器人防撞、各种超声波接近开关，以及防盗报警等相关领域。

1）超声波物位传感器

超声波物位传感器是利用超声波在两种介质的分界面上的反射特性而制成的。如果从发射超声波脉冲开始，到接收换能器接收到反射波为止的这个时间间隔为已知，即可以求出分界面的位置，利用这种方法可以对物位进行测量。超声波液位计原理图如图 5 - 4 - 5 所示。

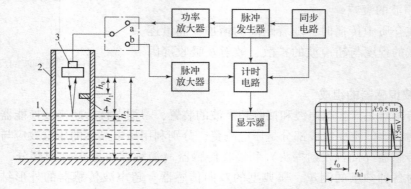

图 5 - 4 - 5　超声波液位计原理图

1—液面；2—直管；3—空气超声探头；4—反射小板；5—电子开关

2）超声波流量传感器

超声波在流体中传输时，在静止流体和流动流体中的传输速度是不同的，利用这一特点可以求出流体的速度，再根据管道流体的截面积便可知道流体的流量。实际应用时超声波传感器安装在管道的外部，从管道的外面透过管壁发射和接收，超声波不会给管内流动的流体带来影响。

超声波流量传感器具有不阻碍流体流动的特点，可测流体的种类很多，不论是非导电的流体，还是高黏度的流体、浆状流体，只要能传输超声波的流体都可以进行测量。超声波流量计可用来对自来水、工业用水、农业用水等进行测量，还可用于下水道、农业灌溉、河流等流速的测量。超声波流量传感器实物如图 5 - 3 - 6 所示。

图 5 - 4 - 6　超声波流量
传感器实物

3）防盗报警器的应用

图 5 - 4 - 7 所示为超声报警电路，上面为发射部分，下面为接收部分的电原理框图，它们装在同一块线路板上。发射器发射出频率 $f = 40$ kHz 左右的连续超声波（空气超声探头选用 40 kHz 工作频率可获得较高灵敏度，并可避开环境噪声干扰）。如果有人进入信号的有效区域，相对速度为 v，从人体反射回接收器的超声波将由于多普勒效应而发生频率偏移 Δf。多普勒效应是指当超声波源与传播介质之间存在相对运动时，接收器接收到的频率与超声波源发射的频率将有所不同，其产生的频偏 $\pm \Delta f$ 与相对速度的大小及方向有关。例如，当高速行驶的火车向你逼近和掠过时，所产生的变调声就是由多普勒效应引起的。

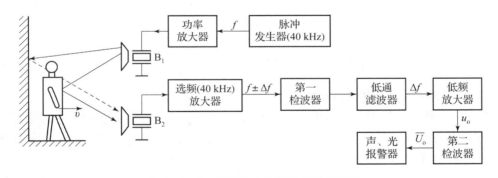

图 5 - 4 - 7　超声防盗报警器电原理框图

接收器的电路原理：压电喇叭收到两个不同频率所组成的差拍信号（40 kHz 以及偏移的频率 40 kHz $\pm \Delta f$），这些信号由 40 kHz 选频放大器放大，并经检波器检波后，由低通滤波器滤去 40 kHz 信号，而留下 Δf 的多普勒信号，此信号经低频放大器放大后，由检波器转换为直流电压，去控制报警扬声器或指示器。

利用多普勒原理可以排除墙壁、家具的影响（它们不会产生 Δf），只对运动的物体起作用。由于振动和气流也会产生多普勒效应，故该防盗报警器多用于室内。

4）汽车倒车探测器

当超声发射器和接收器的位置确定时，即移动被测物体的位置，如倒车时对车尾或车尾后侧的安全构成威胁时，应使 LED 点燃以示报警，这一点要借助于微调电位器进行。调试好发射器、接收器的位置和角度后，再往车后处安装报警器，通常采用红色发光二极管或蜂鸣器或扬声器报警，采用声光报警则更佳。倒车雷达示意图如图 5-4-8 所示，实物如图 5-4-9 所示。

图 5-4-8　汽车倒车雷达的示意图

（a）　　　　　（b）　　　　　　　（c）

图 5-4-9　倒车雷达的实物图

（a）显示器；（b）控制器；（c）超声波传感器

任务二　利用超声波传感器检测位移

1. HC-SR04 超声波传感器模块

HC-SR04 超声波传感器模块集成了超声波发射器、接收器与控制电路，可实现 2～400 cm 的非接触式距离感测功能，测距精度可达到 3 mm，多应用于智能小车机器人距离测量及避开障碍物或跟随等。其实物如图 5-4-10 所示。

图 5-4-10　HC-SR04 超声波传感器模块实物图

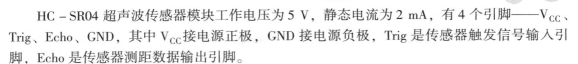

HC - SR04 超声波传感器模块工作电压为 5 V，静态电流为 2 mA，有 4 个引脚——V_{CC}、Trig、Echo、GND，其中 V_{CC} 接电源正极，GND 接电源负极，Trig 是传感器触发信号输入引脚，Echo 是传感器测距数据输出引脚。

该模块采用 IO 触发测距，当触发信号输入端（Trig）输入一个 10 μs 以上的高电平信号时，超声发送口收到信号自动发送 8 个 40 Hz 方波，同时启动定时器，待传感器接收到回波则停止计时并输出回响信号，回响信号脉冲宽度与所测距离正比。根据时间间隔可以计算距离，公式：距离 =（高电平时间 × 声速）/2。

2. Arduino 控制芯片控制 HC - SR04 超声波传感器模块的接线

Arduino 控制芯片控制 HC - SR04 超声波传感器模块的接线方式如图 5 - 4 - 11 所示。

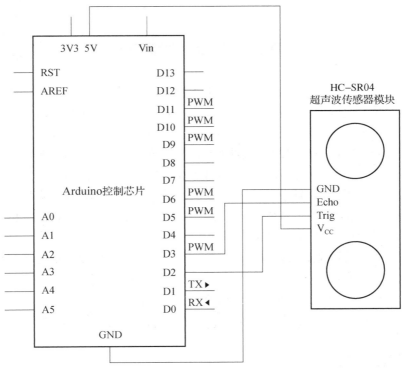

图 5 - 4 - 11　Arduino 控制芯片控制 HC - SR04 超声波传感器模块的接线图

V_{CC} 引脚接 + 5V，GND 引脚接控制芯片上 GND 端口，Trig、Echo 两个引脚在 Arduino 控制芯片上 0 ~ 13 的数字输入/输出口中选择 2 和 3 口。

4. 实验步骤

（1）先按上图完成接线，检查无误后将 Arduino 控制板上电。

（2）下载超声波传感器测距程序至控制芯片中，读取目前测试出的数据。

（3）将所测数据跟实际数据进行对比，调节程序参数，直至测量误差在许可范围之内。

超声波测距

注意由于采用 Arduino 控制芯片控制 HC - SR04 超声波传感器模块，Arduino 控制芯片可以发出微秒级别的脉冲，采用 Arduino 控制芯片向超声波模块的 Trig 引脚发出至少 10 μs 的高电平信号以触发传感器测距。此时模块自动发送 8 个 40 kHz 的方波，模块自动检测是否有信号返回。当有信号返回时，超声波模块通过 Echo 引脚输出一高电平，该高电平持续的时间就是超声波从发射到返回的时间。时间单位一般为微秒（μs），声速约为 344 m/s，则可推导：

$$测试距离(m) = [高电平时间(\mu s) \times 10^{-6} \times 声速(344 \text{ m/s})]/2$$
$$= 高电平时间(\mu s) \times 172/10^6$$

此时的测试距离的单位为 m，转换为 cm，则：

$$测试距离(cm) = 高电平时间(\mu s) \times 172/10^{-6} \times 100 = 高电平时间(\mu s)/58$$

程序中呈现的即是此算式。

 知识拓展

智能制造中的精密检测技术

1. 精密检测技术的发展

随着社会的发展，制造业的加工精度不断提高，一个高效率、高精度的加工过程，不仅需要机床的高精度、高稳定性以及刀具、夹具的高精度来保证，同样需要精密测量仪器来进行校准和测量。精密测量是精密加工中的重要组成部分，精密加工的误差要依靠测量准确度来保证。制造业对精密测量仪器的需求越来越广泛，同时误差要求也越来越高。目前，对于测量误差已经由 m 级向 nm 级提升，而且这种趋势一年比一年迅速。

现代精密测量技术是一门集光学、电子、传感器、图像、制造及计算机技术为一体的综合性交叉学科，它和精密/超精密加工技术相辅相成，为精密/超精密加工提供了评价和检测手段；精密/超精密加工水平的提高又为精密测量提供了有力的仪器保障。随着传统制造业生产模式的变革，智能制造成为推动新一轮产业革命的核心，测量仪器也将朝着精密化、集成化和智能化的方向发展，为我国的工业制造方向从"制造"转向"智造"转型升级提供创新源动力。在现代工业制造技术和科学研究中，测量仪器具有精密化、集成化、智能化的发展趋势，作为 21 世纪的重点发展目标，各国在微/纳米测量技术领域开展了广泛的应用研究。

2. 扫描探针显微镜

1981 年美国 IBM 公司研制成功的扫描隧道显微镜（STM），将人们带到了微观世界。STM 具有极高的空间分辨率（平行和垂直于表面的分辨率分别达到 0.1 nm 和 0.01 nm，即可分辨出单个原子），广泛应用于表面科学、材料科学和生命科学等研究领域，在一定程度上推动了纳米技术的产生和发展。与此同时，基于 STM 相似原理与结构，相继产生了一系列利用探针与样品的不同相互作用来探测表面或界面纳米尺度上表现出来性质的扫描探针显微镜（SPM），用来获取通过 STM 无法获取的有关表面结构和性质的各种信息，成为人类认识微观世界的有力工具。下面介绍几种具有代表性的扫描探针显微镜。

（1）原子力显微镜（AFM）：AFM 利用微探针在样品表面划过时带动高敏感性的微悬臂梁随表面起伏而上下运动，通过光学方法或隧道电流检测出微悬臂梁的位移，实现探针尖端原子与表面原子间排斥力的检测，从而得到表面形貌信息。利用类似 AFM 的工作原理，检测被测表面特性对受迫振动力敏元件产生的影响，在探针与表面 10 ~ 100 nm 距离范围，可探测到样品表面存在的静电力、磁力、范德华力等作用力，相继开发磁力显微镜、静电力显微镜和摩擦力显微镜等，统称为扫描力显微镜。

（2）光子扫描隧道显微镜（PSTM）：PSTM 的原理和工作方式与 STM 相似，后者利用电子隧道效应，而前者利用光子隧道效应探测样品表面附近被全内反射所激起的瞬衰场，其强度随着距界面的距离成函数关系，以获得表面结构信息。

（3）其他显微镜：如扫描隧道电位仪（STP）可用来探测纳米尺度的电位变化；扫描离子电导显微镜（SICM）适用于进行生物学和电生理学研究；扫描热显微镜（STM）已经获得血红细胞的表面结构；弹道电子发射显微镜（BEEM）则是目前唯一能够在纳米尺度上无损检测表面和界面结构的先进分析仪器，国内也已研制成功。

3. 纳米测量的扫描 X 射线干涉技术

以 SPM 为基础的观测技术只能给出纳米级分辨率，不能给出表面结构准确的纳米尺寸，是因为到目前为止缺少一种简便的纳米精度、尺寸测量的定标手段。日本 NRLM 在恒温下对 220 晶面间距进行稳定性测试，发现其 18 天的变化不超过 0.1 fm。实验充分说明单晶硅的晶面间距有较好的稳定性。扫描 X 射线干涉测量技术是微/纳米测量中的一项新技术，它正是利用单晶硅的晶面间距作为亚纳米精度的基本测量单位，加上 X 射线波长比可见光波波长小 2 个数量级，有可能实现 nm 的分辨率。该方法较其他方法对环境的要求低，测量稳定性好，结构简单，是一种很有潜力且方便的纳米测量技术。软 X 射线显微镜、扫描光声显微镜等用于在超精加工中检测微结构表面形貌及内部结构的微缺陷。迈克尔逊型差拍干涉仪，适于超精细加工表面轮廓的测量，如抛光表面、精研表面等，测量表面轮廓高度变化最小可达纳米级，横向（X，Y 向）测量精度可达微米级。渥拉斯顿型差拍双频激光干涉仪在微观表面形貌测量中，其分辨率可达 0.1 nm 数量级。

4. 光学干涉显微镜测量技术

光学干涉显微镜测量技术，包括外差干涉测量技术、超短波长干涉测量技术、基于 F – P 标准的测量技术等，随着新技术、新方法的利用，亦具有纳米级测量精度。外差干涉测量技术具有高的位相分辨率和空间分辨率，而扫描电子显微镜（SEM）可使几十个原子大小物体成像。美国 ZYGO 公司开发的位移测量干涉仪系统，位移分辨率可在 1.1 m/s 的高速下测量，适于纳米技术在半导体生产、数据存储硬盘和精密机械中的应用。目前，在微/纳米机械中，精密测量技术的一个重要研究对象是微细结构的机械性能与力学性能、谐振频率、弹性模量、残余应力及疲劳强度等。微细结构的缺陷研究，如金属聚集物、微沉淀物、微裂纹等测试技术的纳米分析技术目前尚不成熟。国外在此领域主要开展用于晶体缺陷的激光扫描层析（LST）技术及用于研究样品顶部几个微米之内缺陷情况的纳米激光雷达技术，其探测尺度分辨率均可达 1 nm。

5. 双频激光干涉仪与超精密光栅尺

双频激光干涉仪测量精度高，测量范围大，因此常用于超精密机床作位置测量和位置控制测量反馈元件。但激光测量精度与空气的折射率有关，而空气折射率与湿度、温度、压力、二氧化碳含量等有关。美国 NBS 的研究结果说明，当前双频激光干涉仪其光路在空气中进行了各种休整与补偿，其最高精度为 $\times 10^{-8}$。由于这种测量方法对环境要求过高，对生产机床在时间加工中往往过于苛刻，故很难加以保证。近年来光栅技术得到了很大发展，基于传统自成像原理（莫尔或反射原理）制作的光栅尺，其动、静尺之间的距离会受到限制，其距离的允差约为塔耳波特周期（$g-8\lambda$）的 10%（g 为光栅周期，λ 为光源波长），例如，LED 光源 $\lambda=900$ nm，光栅条纹间隔 10 μm，则动、静尺间隙距离允差也为 10 μm，这给光栅尺的安装及运动带来了困难。目前，衍射扫描干涉光栅采用偏振元件相移原理或附加光栅像相移原理。

6. 超精密测量用电容测微仪

电容测微仪的特点是非接触测量，精度高、价格低。但测量范围有限，测量稳定性和漂移常令人不满意。美国 LionPrecision 公司的电容测微仪分辨率可达 0.5 mm（1 Hz 频响），热漂移每度 0.04% 满量程。对于差频式电容测微仪而言，如何减少测头电缆对测量的影响是难题之一，"电缆驱动"技术可解决该问题。其所研制的仪器采取集成化、小型化测量振荡器和本机振荡器的方法，将 2 个振荡器与测头做在一起取消原来的测头电缆。这种测头的引出电缆送出的是经过混频后的脉冲信号，这对减少漂移、增加稳定性都有很好的效果。小型化后的测头可以方便地组成多传感器测量系统，如圆度的三传感器测量系统，直线度和平面度的四传感器测量系统。这些传感器可以对运动误差与被测工具形状误差进行分离，测得高精度真值。

7. 精密测量技术未来发展方向

精密加工技术的发展需要精密测量的发展与之匹配。市场对测量准确度不断提升的需求，也是鞭策研究人员加快开发高端产品去适应市场的动力。近年来，精密测量技术发展迅速，成果喜人。随着光机电一体化、系统化的发展，光学测量技术有了迅速发展，相应的测量机产品大量涌现，测量软件的开发也日益受到重视。

未来精密测量技术的发展方向如下：

（1）测量精度由微米级向纳米级发展，测量分辨率进一步提高；

（2）由点测量向面测量过渡（即由长度的精密测量扩展至形状的精密测量），提高整体测量精度；

（3）随着图像处理等新技术的应用，遥感技术在精密测量工程中将得到推广和普及；

（4）随着标准化体制的确立和测量不确定度的数值化，将有效提高测量的可靠性。

1. 填空题

（2）光栅式位移传感器是一种数字式传感器，它直接把 _____ 转换成数字量输出。

（3）光栅的基本元件是 _____ 和 _____。

（4）磁栅是一种有 _____ 信息的标尺。

（5）频率超过 _____ kHz 的声波称为超声波。

2. 单项选择题

（1）以下哪个选项不是莫尔条纹的特性？（ _____ ）

A. 莫尔条纹与位移的对应性　　　　　B. 放大作用

C. 平均效应　　　　　　　　　　　　D. 光电转换

2. 以下四种位移传感器，不能应用于大位移测量的是（　　　）。

A. 光栅式位移传感器　　　　　　　　B. 磁栅式位移传感器

C. 超声波传感器　　　　　　　　　　D. 电涡流传感器

3. 以下四种位移传感器，采用接触式测量方式的是（　　　）。

A. 光栅式位移传感器　　　　　　　　B. 电位器式位移传感器

C. 超声波传感器　　　　　　　　　　D. 电涡流传感器

3. 判断题

（1）光栅式位移传感器通过测量莫尔条纹移动距离测量微小位移。（　　　）

（2）超声波传感器实质上是一种可逆的换能器，它可以将电振荡的能量转换为机械振荡，形成超声波，也可将超声波能量转换为电振荡。（　　　）

（3）超声波测距是反射型超声波传感器的典型应用。（　　　）

（4）超声波探伤是投射型超声波传感器的典型应用。（　　　）

（5）电涡流传感器能够检测的对象必须是金属导体。（　　　）

（6）安检门采用了电涡流传感器检测金属物体。（　　　）

4. 简答题

（1）光栅式位移传感器主要利用了光栅的什么现象实现精密测量？

（2）磁栅式位移传感器的测量原理是什么？

（3）角编码器的测量原理是什么？

（4）超声波传感器在常温下如何计算测得的距离？

（5）光栅式位移传感器、磁栅式位移传感器、角编码器、超声波传感器的位移检测方式有什么区别？

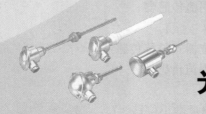

模块六

光学量检测

本模块主要介绍光电传感器、光纤和红外传感器的基本结构、工作过程及应用特点，并能根据工程要求正确安装和使用相关传感器。

【学习目标】

知识目标

（1）能说出光电传感器、光纤和红外传感器的工作原理及特点；

（2）能说出光电传感器、光纤和红外传感器的分类及应用；

（3）能画出电阻应变式传感器的常用测量电路，并分析其常用测量电路的特点。

能力目标

（1）能够按照电路要求对光电传感器、光纤和红外传感器进行正确接线，并且会使用万用表检测电路；

（2）能够分析各类传感器模块检测到的相关数据；

（3）能根据生产现场实际情况选择合适的传感器。

素养目标

（1）培养良好的职业道德，严格遵守本岗位操作规程

（2）培养良好的团队精神和沟通协调能力；

（3）培养认真、细致的工作态度。

光学是物理学中最古老的一个基础学科，又是当前科学研究中最活跃的学科之一。随着人类对自然的认识不断深入，光学的发展大致经历了萌芽时期、几何光学时期、波动光学时期、量子光学时期和现代光学时期等5个时期。

中国古代对光的认识是与生产、生活实践紧密相连的，它起源于火的获得和光源的利用，以光学器具的发明、制造及应用为前提条件。根据籍记载，中国古代对光的认识大多集中在光的直线传播、光的反射、大气光学、成像理论等多个方面。

1621年，斯涅耳在他的一篇文章中指出，入射角的余割和折射角的余割之比是常数，而笛卡儿约在1630年于《折光学》中给出了用正弦函数表述的折射定律。接着费马在1657年首先指出光在介质中传播时所走路程取极值的原理，并根据这个原理推出光的反射定律和折射定律。1672年，牛顿完成了著名的三棱镜色散试验，提出了光是微粒流的理论。19世纪初，波动光学初步形成，其中托马斯·杨圆满地解释了"薄膜颜色"和双狭缝干涉现象。

1846年，法拉第发现了光的振动面在磁场中发生旋转；1856年，韦伯发现光在真空中的速度等于电流强度的电磁单位与静电单位的比值；1860年前后，麦克斯韦指出，电场和磁场的改变，不能局限于空间的某一部分，而是以等于电流的电磁单位与静电单位的比值的速度传播着，说明光是一种电磁现象。这个结论在1888年为赫兹的实验所证实。以此为例对各种电磁波有个全面的了解，人们按照波长的大小把这些电磁波排列起来，即广义电磁波谱图，如图6-1所示。

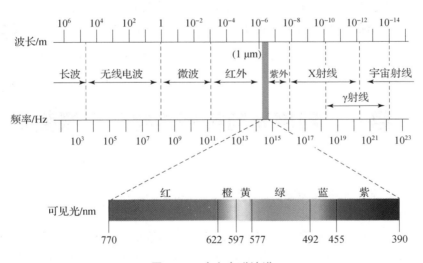

图6-1 广义电磁波谱

1900年，普朗克从物质的分子结构理论中借用不连续性的概念，提出了辐射的量子论。他认为各种频率的电磁波，包括光，只能以各自确定分量的能量从振子射出，这种能量微粒称为量子，光的量子称为光子。1905年，爱因斯坦把量子理论贯穿到整个辐射和吸收过程中，提出了著名的光量子（光子）理论，圆满解释了光电效应。

光学常用的度量如下：

（1）光通量是指光源在单位时间内向周围空间辐射出去，并使人眼产生的光感的能量大小，用符号∅表示，单位为流明（lm）。光通量在理论上可以用瓦特来度量。但与辐射功率不同的是，光通量体现的是人眼感受到的光辐射功率。在较明亮的环境中，人的视觉对波长为 555 nm 左右的绿色光最敏感。由于人眼对不同波长光的相对视见率不同，所以不同波长相等时，其光通量并不相等。对于人眼最敏感的 555 nm 的绿光，1 W = 6 831 m，而 1 W 的 650 nm 的红色光，人的感觉仅为 73 lm。40 W 白炽灯发射的光通量为 350 lm；40 W 荧光灯发射的光通量为 2 000 lm；单只高亮度 LED 的光通量与消耗的功率有关，常见范围为 20 ~ 100 lm。

（2）发光强度简称光强，是描述点光源发光强弱的一个基本度量，用符号 I 表示，单位是坎德拉（cd），cd 是国际单位制中七个基本单位之一。曾经使用过的光强单位有烛光、支光。

发光强度定义为：频率为 $540 \times 1\,012$ Hz（即波长 555 nm）的单色光源每单位立体角（1 个球面度）辐射能为 1/683 W 时的光通量。也就是说：若光源发出的波长为 555 nm 的单色辐射是均匀的，则发光体在某给定方向上的发光强度就等于发光体在该方向的立体角 Ω 内传输的光通量 $\varnothing$ 除以该立体角所得的值，即 $I = \varnothing/\Omega_0$。太阳的发光强度为 3×10^{27} cd；高亮度 LED 灯的发光强度为 10 cd；普通蜡烛的发光强度约为 1 cd。

（3）照度指物体被照亮的程度，以被照物上光通量的面积密度来表示，符号为 E，单位为勒克斯（k），相当于 1 m² 面积上受到 1 个 lm 光通量的照射。

（4）亮度描述人对发光体或被照射物体表面的发光或反射光强度所感受到的明亮程度，用符号 L 表示，单位为坎德拉每平方米（cd/m²），过去使用过的单位有尼特（nt）等。

现代工业中常用各种传感器实现对光量的测试从而实现对设备的检测，其方便、耐用，且精度较高。

项目一　利用光电传感器检测光照强度

本项目中主要学习光电式传感器的工作原理、特点、分类及应用，会用光电式传感器进行光强度的测量。

光的本质是什么？这是众多科学家几个世纪孜孜不倦探索的问题，涉及科学史上一次很大的分歧与争执。请你查找资料，向同学们介绍一下这次光的本质之争的始末。

任务一　认识光电器件

光电式传感器是基于光电效应的传感器，是在受到可见光照射后即产生光电效应，将光信号转换成电信号输出的一种传感器。图 6-1-1 所示为常见的光电式传感器。

1. 光电式传感器的工作原理

光电式传感器的物理基础是光电效应。光电效应是指金属或半导体等材料在光照下吸收光子能量而发生相应的电效应的物理现象，通常可分为外光电效应、光电导效应和光生伏特效应。

图6-1-1　常见的光电式传感器

（a）光敏电阻；（b）光敏二极管；（c）光电池；（d）光敏三极管；（e）光电倍增管；
（f）反射光电传感器；（g）光电式烟雾传感器；（h）光电式转速传感器；（i）光电开关；（j）反射式光电传感器

1）外光电效应

在光线的作用下，物体内的电子逸出物体表面向外发射的现象称为外光电效应。向外发射的电子叫作光电子。基于外光电效应的光电器件有光电管、光电倍增管等。

2）光电导效应

当光照射在物体上电子吸收光子能量从键合状态过渡到自由状态，而引起材料电导率的变化的现象称为光电导效应。基于这种效应的光电器件有光敏电阻。

3）光生伏特效应

在光线作用下，物体产生一定方向的电动势的现象叫作光生伏特效应。基于该效应的光电器件有光电池和光敏二极管、三极管等。

2. 光电元件及特性

1）光电管

光电管种类很多，它是装有光电阴极和阳极的真空玻璃管，结构如图6-1-2所示。光电管阳极通过R_L与电源连接在管内形成电场。光电管的阴极受到适当的照射后便发射光电子，这些光电子在电场作用下被具有一定电位的阳极吸引，在光电管内形成空间电子流，如图6-1-3所示。电阻R上产生的电压降正比于空间电流，其值与照射在光电管阴极上的光成函数关系。如果在玻璃管内充入惰性气体（如氩、氖等），即构成充气光电管。由于光电子流对惰性气体进行轰击，使其电离产生更多的自由电子，故而提高了光电变换的灵敏度。

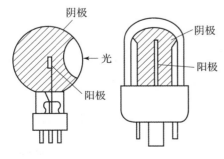

图6-1-2　光电管

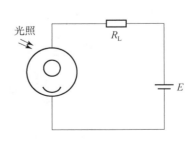

图6-1-3　光电管受光照发射电子

2）光敏电阻

光敏电阻是用硫化隔或硒化隔等半导体材料制成的特殊电阻器，其工作原理是基于内光电效应，光照越强，阻值就越低，随着光照强度的升高，电阻值迅速降低；在无光照时，呈高阻状态。光敏电阻器对光的敏感性（即光谱特性）与人眼对可见光（0.4～0.76）μm 的响应很接近，只要是人眼可感受到的光，都会引起它的阻值变化。在设计光控电路时，都用白炽灯泡（小电珠）光线或自然光线作控制光源。

光敏电阻常用接线图如图 6-1-4 所示，使用时，可加直流偏压（无固定极性）或加交流电压。

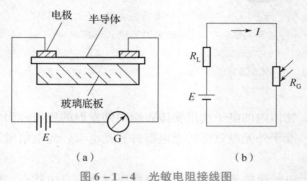

图 6-1-4　光敏电阻接线图

根据光敏电阻的光谱特性，可分为三种光敏电阻器：紫外光敏电阻器、红外光敏电阻器、可见光光敏电阻器。光敏电阻外形和电路符号如图 6-1-5 所示。

3）光敏二极管

PN 结可以光电导效应工作，也可以光生伏特效应工作。如图 6-1-6（a）所示，处于反向偏置的 PN 结，在无光照时具有高阻特性，反向暗电流很小；当有光照射时，结区产生电子—空穴对，在结电场的作用下，电子向 N 区运动，空穴向 P 区运动，形成光电流，方向与反向电流一致。光的照度越大，光电流越大。由于无光照时的反偏电流很小，一般为纳安数量级，因此光照时的反向电流基本上与光强成正比。光敏二极管等效电路如图 6-1-6（b）所示。

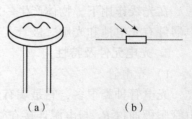

图 6-1-5　光敏电阻外形图
和电路符号

（a）外形；（b）电路符号

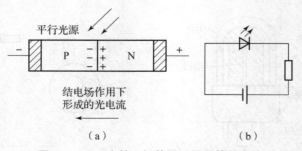

图 6-1-6　光敏二极管原理图及等效电路

（a）原理图；（b）等效电路图

4）光敏三极管

光敏三极管可以看成是一个 bc 结为光敏二极管的三极管，其原理和等效电路如图 6－1－7 所示。在光照作用下，光敏二极管将光信号转换成电流信号，该电流信号被晶体三极管放大。显然，在晶体管增益为 β 时，光敏三极管的光电流要比相应的光敏二极管大 β 倍。

光敏二极管和三极管均用硅或锗制成。由于硅器件暗电流小、温度系数小，又便于用平面工艺大量生产，尺寸易于精确控制，因此硅光敏器件比锗光敏器件更为普通。

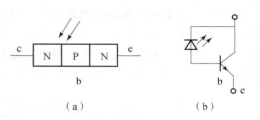

图 6－1－7　光敏三极管原理图及等效电路

（a）原理图；（b）等效电路图

5）光电池

光电池是一种自发电式的光电元件，它受到光照时自身能产生一定方向的电动势。光电池的种类很多，有硒、氧化亚铜、硫化铊、硫化镉、锗、硅光电池等，其中应用最广泛的是硅光电池。硅光电池是用单晶硅制成的，即在一块 N 型硅片上用扩散方法渗入一些 P 型杂质，从而形成一个大面积 PN 结，P 层极薄，能使光线穿透到 PN 结上。硅光电池也称硅太阳能电池，为有源器件，具有轻便、简单，不会产生气体污染或热污染的特点，特别适用于宇宙飞行器作仪表电源。硅光电池转换效率较低，适宜在可见光波段工作。

光电池与外电路的连接方式有两种，如图 6－1－8 所示：一种是把 PN 结的两端通过外导线短接，形成流过外电路的电流，这个电流称为光电池的输出短路电流，其大小与光强成正比；另一种是开路电压输出，开路电压与光照度之间呈非线性关系，光照度大于 1 000 lx 时呈现饱和特性。因此使用时应根据需要选用工作状态。

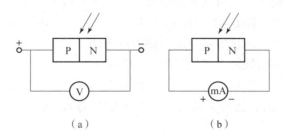

图 6－1－8　光电池与外电路的连接方式

（a）光电池的开路电压输出；（b）短路电流输出

3. 光电式传感器的特点

光电式传感器是将光能转化成电能的一种传感器件，它具有响应快、结构简单、使用方便、性能可靠、能完成非接触测量等优点，因此在自动检测、计算机和控制领域得到非常广泛的应用。但光电式传感器存在光学器件和电子器件价格较贵，并且对测量的环境条件要求较高等缺点。近年来新型的光电式传感器不断涌现，如光纤传感器、CCD 图像传感器等，使光电式传感器得到了进一步的发展。

4. 光电式传感器的分类

光电式传感器按其传输方式可分成直射型（也称为透射型或对向型）和反射型两大类。

1）直射型光电式传感器

图6-1-9所示为直射型光电式传感器结构示意图。这类传感器工作时必须将受光部位对着发光光源安装，且要在同一光轴上。如图6-1-9所示结构中，光源发出的光经透镜1变成平行光，再由透镜2聚焦后照射到发光二极管上。当在透镜1和透镜2之间放入被测工件后，就可以根据发光二极管接收到的光通量的大小或有无来反映测量的情况。

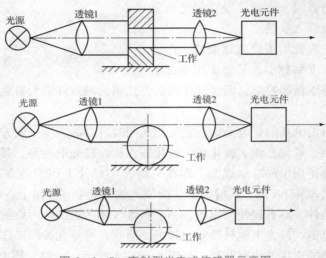

图6-1-9　直射型光电式传感器示意图

2）反射型光电式传感器

图6-1-10所示为反射型光电式传感器结构示意图。反射型光电式传感器是将恒定光源释出的光投射到被测物体上，再从其表面反射到光电元件上，根据反射的光通量多少测定被测物表面的性质和状态。图6-1-10（a）和图6-1-10（b）所示为利用反射法检测材质表面粗糙度和表面裂纹、凹坑等瑕疵的传感器示意图，其中图6-1-10（a）所示为正反射接收型，用于检测浅小的缺陷，灵敏度较高；图6-1-10（b）所示为非正反射接收型，用于检测较大的几何缺陷。图6-1-10（c）所示为利用反射法测量工件尺寸或表面位置的示意图，当工件位移 Δh 时，光斑移动 Δl，其放大倍数为 $\Delta l/\Delta h$。在标尺处放置一排光电元件即可获得尺寸分组信号。

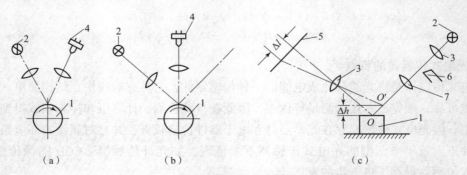

（a）　　　　　　　　（b）　　　　　　　　（c）

图6-1-10　反射型光电式传感器结构示意图

（a）正反射接收型；（b）非正反射接收型；（c）利用反射法测量工件尺寸或表面位置
1—工件；2—光源；3—透镜；4—光电元件；5—光电阵列元件；6—挡光板；7—物镜

使用光电式传感器时应注意：采用反射型光电式传感器时，应考虑到检测物体的表面与大小对检测距离和动作区的影响；检测微小物体时，检测距离要比检测较大的物体时短一些；检测物体的表面反射率越大，检测距离越长；采用反射型光电传感器时，检测物体的最小尺寸由透镜的直径确定；必须在规定的电源电压、环境要求的范围内使用；安装时，应稳固，勿用锤子敲打。

5. 光电式传感器的应用

光电式传感器可用于检测直接引起光量变化的非电量，如光强、光照度、辐射测量、气体成分分析等；也可以用于检测能转化成光量变化的其他非电量，如直径、表面粗糙度、应变位移、振动、速度、加速度以及物体形状、工作状态的识别等。

1）光电式传感器测量转速

图 6－1－11 所示为光电式数字转速表工作原理图。图 6－1－11（a）所示为在转轴上涂黑白两种颜色的工作方式，当电机转动时，反光与不反光交替出现，光电元件间断地接收反射光信号，输出电脉冲，经放大整形电路转换成方波信号，由数字频率计测得电机的转速。图 6－1－11（b）所示为电机轴上固装一齿数为 Z 的调制盘（相当图 6－1－11（a）电机轴上黑白相间涂色）的工作方式，其工作原理与图 6－1－11（a）相同。若频率计的计数频率为 f，则由下式：

$$n = 60f/Z$$

即可测得转轴转速 n。

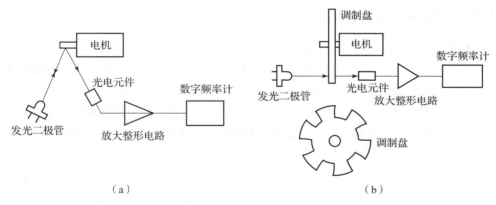

图 6－1－11　光电式数字转速表工作原理图

（a）在转轴上涂黑白两色的工作方式；（b）在转轴上固装调制盘的工作方式

2）光电物位传感器

光电物位传感器多用于测量物体的有无、个数、物体移动距离和相位等。按结构可分为直射式、反射式两类，它们的工作原理前面已有介绍。

3）硅光电池

硅光电池也称硅太阳能电池，它是用单晶硅制成，在一块 N 型硅片上用扩散的方法掺入一些 P 型杂质而形成一个大面积的 PN 结，P 层做得很薄，从而使光线能穿透到 PN 结上，如图 6－1－12 所示。硅太阳能电池具有轻便、简单，不会产生气体或热污染，易于适应环境等特点。因此凡是不能铺设电缆的地方都可采用太阳能电池，尤其适用于为宇宙飞行器的各种仪表提供电源。

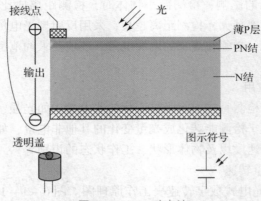

图 6 – 1 – 12　硅电池

6. CCD 图像传感器的应用

CCD 图像传感器研究的目标之一是构成固态摄像装置的光电器件。由于 CCD 图像传感器是极小型的固态集成器件，即同时具有光生电荷以及积累和转移电荷等多种功能，取消了光学扫描系统或电子束扫描，所以在很大程度上降低了再生图像的失真。这些特点决定了它可广泛用于自动控制，尤其适合用于图像识别技术，常用于尺寸、工件伤痕及表面污垢、形状等的测量。

任务二　制作简易智能路灯

1. 光敏电阻结构

光敏电阻器通常由光敏层、玻璃基片（或树脂防潮膜）和电极等组成，光敏电阻器都制成薄片结构，以便吸收更多的光能。当它受到光的照射时，半导体片（光敏层）内就激发出电子—空穴对，参与导电，使电路中的电流增强。为了获得高的灵敏度，光敏电阻的电极常采用梳状图案，它是向光电导薄膜上蒸镀金或铟等金属形成。光敏电阻结构如图 6 – 1 – 13 所示。

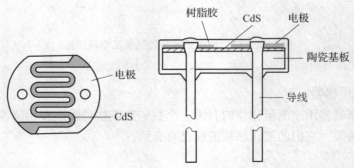

图 6 – 1 – 13　光敏电阻结构图

光敏电阻的主要参数如下：

（1）光电流、亮电阻。光敏电阻器在一定的外加电压下，当有光照射时，流过的电流称为光电流，外加电压与光电流之比称为亮电阻。

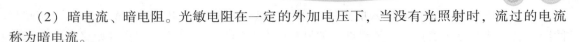

（2）暗电流、暗电阻。光敏电阻在一定的外加电压下，当没有光照射时，流过的电流称为暗电流。

（3）灵敏度。灵敏度是指光敏电阻不受光照射时的电阻值（暗电阻）与受光照射时的电阻值（亮电阻）的相对变化值。

（4）光谱响应。光谱响应又称光谱灵敏度，是指光敏电阻在不同波长的单色光照射下的灵敏度。若将不同波长下的灵敏度画成曲线，则可以得到光谱响应的曲线。

（5）温度系数。光敏电阻的光电效应受温度影响较大，部分光敏电阻在低温下的光电灵敏度较高，而在高温下的灵敏度则较低。

光敏电阻属半导体光敏器件，除具有灵敏度高、反应速度快、光谱特性及电阻值一致性好等特点外，在高温、多湿的恶劣环境下，还能保持高度的稳定性和可靠性，可广泛应用于照相机、太阳能庭院灯、草坪灯、验钞机、石英钟、音乐杯、礼品盒、迷你小夜灯、光声控开关、路灯自动开关以及各种光控玩具、光控灯饰、灯具等光自动开关控制领域。

2. 制作简易智能路灯

1）简易智能路灯电路设计

采用光敏电阻可以制作简易智能路灯，可以根据实际环境光线强弱自动进行照明。本项目制作的智能路灯主要由小灯泡、单向晶闸管组成，触发电路由电位器、二极管 1N4007 和光敏电阻组成。当外界环境光照强度较强时，光敏电阻两端电阻较小，单向晶闸管呈阻断状态，其大部分电压由二极管和电位器分担，小灯泡不亮；当外界环境光线变暗时，光敏电阻两端电阻增大，当达到一定程度时，单向晶闸管两端电压增大导通，小灯泡点亮。外界环境越暗，光敏电阻越大，小灯泡两端电压也越大，小灯泡也越亮。

调节电位器的阻值可以改变小灯泡的亮度。例如，将该电路的光敏电阻放置在某光亮环境下，调节电位器到小灯泡刚好点亮为止，当外界环境亮度变暗时，小灯泡就会自动点亮，其电路如图 6 - 1 - 14 所示。

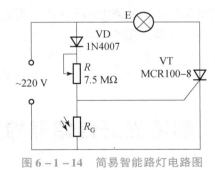

图 6 - 1 - 14　简易智能路灯电路图

2）光敏电阻的检测

（1）将光敏电阻的两极搭在万用表的两只表笔上，万用表调至电阻挡，用一张黑纸片将光敏电阻的透光窗口挡住，此时万用表的指针基本保持不动，阻值接近无穷大。此值越大说明光敏电阻性能越好。若此值很小或接近于零，则说明光敏电阻已烧穿损坏，不能再继续使用。

（2）将一个光源对准光敏电阻的透光窗口，此时万用表的指针应有较大幅度的摆动，阻值明显减小，此值越小说明光敏电阻性能越好。若此值很大甚至为无穷大，则表明光敏电阻内部开路损坏，不能再继续使用。

（3）将光敏透光窗口对准入射光线，用小黑纸片在光敏电阻的遮光窗上部晃动，使其间断受光，此时万用表指针应随黑纸片的晃动而左右摆动。如果万用表指针始终停在某一位置而不随纸片晃动而摆动，则说明光敏电阻的光敏材料已经损坏。

3）二极管的极性判断

二极管具有单向导电特性，即正向电阻很小，反向电阻很大。利用万用表检测二极管正、反向电阻值可以判别二极管电极的极性，同时还可判断二极管是否损坏。

4）晶闸管引脚极性

单向晶闸管 MCR100-8 引脚分别为阳极（A）、阴极（K）和控制极（G）。从等效电路上看，阳极（A）与控制极（G）之间类似是两个反极性串联的 PN 结，控制极（G）与阴极（K）之间类似是一个 PN 结，

根据 PN 结的单向导电特性，将指针式万用表选择适当的电阻挡，测试极间正、反向电阻，对于正常的晶闸管，G、K 之间的正、反向电阻相差很大，G、K 与 A 之间的正、反向电阻相差很小，其阻值都很大。这种测试结果是唯一的，根据这种唯一性即可判定出晶闸管的极性。用万用表"R×1k"挡测量晶闸管极间的正、反向电阻，选出两个极，其中在所测阻值较小的那次测量中，黑表笔所接的为控制极（G），红表笔所接的为阴极（K），剩下的一极即为阳极（A）。在判定晶闸管极性的同时也可定性判定出晶闸管好坏。如果在测试中任何两极间的正、反向电阻变化都很小或很大，则说明单向晶闸管被击穿。

5）实验步骤

（1）根据电路要求合理布局器件并进行电路连接。电路连接完成后用万用表仔细检查。

（2）电路检查无误后，给电路接上电源。

（3）调节电位器阻值的大小可以调节周围环境光线强弱，以控制灯泡自动照明。将电位器调至合适的位置，确保在光线充足的环境下灯泡不亮，随着周围光线的逐渐减弱达到一定程度时，灯泡点亮。

在调试过程中可能出现的常见问题：如果电路不工作，可能是单向晶闸管连接错误；如果连接没有错误，但电路不工作，可能是周围环境太亮，需要有效遮挡光线。在环境光线变化的情况下，则需要重新调节电位器位置。

项目二　利用光纤传感器检测颜色

本项目中主要学习光纤传感器的工作原理、特点、分类及应用，会用光纤传感器进行颜色的检测。

高锟（Charles Kuen Kao，1933 年 11 月 4 日—2018 年 9 月 23 日），生于江苏省金山县（今上海市金山区），华裔物理学家、教育家，光纤通信、电机工程专家，香港中文大学前校长，被誉为"光纤之父""光纤通信之父"和"宽带教父"，是中国人的骄傲。请你查找资料，向同学们介绍高锟教授的主要成就。

任务一 认识光纤传感器

光导纤维简称光纤，是以特殊工艺拉成的细丝。光纤透明、纤细，虽比头发还细，却具有能把光封闭在其中并沿轴向进行传播的特征。1996 年，香港中文大学校长高锟和 George A. Hockham 首先提出利用光的全反射原理，将 SiO_2 石英玻璃制成细长的玻璃纤维，可以用于通信传输的设想，高锟因此获得 2009 年诺贝尔物理学奖。

1970 年，美国康宁公司制造出了损耗为 20 dB/km（即光在光纤中传输 1 km，光强衰减为原来的 1/10）的光纤。随着加工工艺的进步，目前好的光纤的损耗已达到 0.1 dB/km，光导纤维的用途也越来越广泛，可用于网络通信，高速传递大量的信息，还可以用于建筑的照明等。

由光源、光纤及接收器组成的传感器称为光纤传感器。光纤传感器具有抗电磁干扰能力强、防雷电击、防燃防爆、绝缘性好、柔韧性好、耐高温、重量轻等特点。它的测量范围十分广泛，可用于热工参数、电工参数、机械参数、化工参数的测量，还可用于医疗内药体工业内窥镜等领域，进行图像扫描和图像传输。图 6-2-1 所示为常见的几种光纤传感器。

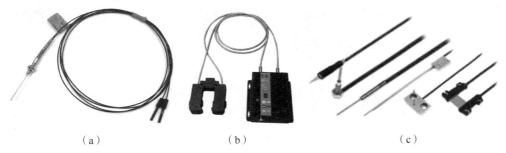

| （a） | （b） | （c） |

图 6-2-1 常见的光纤传感器

由于光纤传感器具有很强的抗干扰、抗化学腐蚀等能力，不存在一次仪表与二次仪表之间接地的麻烦，所以特别适合在狭小的空间、强电磁干扰和高电压环境或在潮湿的环境中工作。例如，在工厂车间里有许多大功率电动机、产生电火花的交流接触器、产生电源畸变的晶闸管调压设备、产生很强磁场干扰的感应电炉等，在这些场合中若采用电气测量就会遇到电磁感应引起的噪声问题；在可能产生化学泄漏或可燃性气体溢出的场合，还会遇到腐蚀和防爆的问题。因此，在这些环境恶劣的场所，选用光纤传感器较为合适。

光纤传感器的缺点：光纤质地较脆、机械强度低；要求比较好的切断、连接技术；分路、耦合比较麻烦等。

1. 光的全反射

当一束光线以一定的入射角 θ 从介质 1 射到介质 2 的分界面上时，一部分能量反射回原介质 1；另一部分能量则透过分界面，在介质 2 内传播，称为折射光。根据几何光学原理，当光线以较小的入射角 θ_1 由光密介质 1 射向光疏介质 2（即 $n_1 > n_2$）时，则一部分入射光将以折射角 θ_2 折射入介质 2，其余部分仍以 θ_1 反射回介质 1，如图 6-2-2 所示。

当光由光密物质（折射率大）入射至光疏物质时发生折射，如图 6-2-3 所示，其折射角大于入射角，即 $n_1 > n_2$ 时，$\theta_2 > \theta_1$，这种现象称为斯涅尔定理（Snell's Law）。光纤的导光原理基于的就是斯涅尔定理。

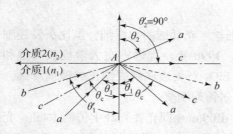

图 6 - 2 - 2 光在两介质界面上的反射与折射

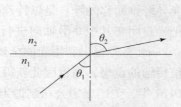

图 6 - 2 - 3 斯涅尔定理示意图

依据光折射和反射的斯涅尔（Snell）定律，n_1、n_2、θ_1、θ_2 之间的数学关系为

$$n_1\sin\theta_1 = n_2\sin\theta_2$$

当 θ_1 角逐渐增大时，透射入介质 2 的折射光也逐渐折向界面，直至沿界面传播（$\theta_2 = 90°$）。对应于 $\theta_2 = 90°$ 时的状态称为临界状态，如图 6 - 2 - 4 所示，此时入射角 θ_1 称为临界角 θ_c，这种现象称为全反射现象。

由图 6 - 2 - 4 可见，当 $\theta_1 > \theta_c$ 时，光线将不再折射入介质 2，而是在介质（纤芯）内产生连续向前的全反射，直至由终端面射出，如图 6 - 2 - 5 所示。这就是光纤传光的工作基础。

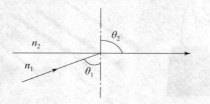

图 6 - 2 - 4 临界状态示意图

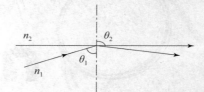

图 6 - 2 - 5 全反射示意图

同理，可推导出光线由折射率为 n_0 的外界介质（空气 $n_0 = 1$）射入纤芯时实现全反射的临界角（始端最大入射角）为

$$\sin\theta_c = \frac{1}{n_0}\sqrt{n_1^2 - n_2^2} = NA$$

式中：NA——数值孔径，它是衡量光纤集光性能的主要参数。

NA 表示：无论光源发射功率多大，只有 $2\theta_c$ 张角内的光才能被光纤接收、传播（全反射）；NA 越大，光纤的集光能力越强。产品光纤通常不给出折射率，而只给出 NA。石英光纤的 $NA = 0.2 \sim 0.4$。

2. 光纤的结构

光纤是用光透射率高的电介质（如石英、玻璃、塑料等）构成的光通路。光纤的结构如图 6 - 2 - 6 所示，光纤呈圆柱形，它由玻璃纤维芯（纤芯）和玻璃包皮（包层）两个同心圆柱的双层结构组成。纤芯位于光纤的中心部位，光主要在这里传输。纤芯折射率 n_1 比包层折射率 n_2 稍大些，两层之间形成良好的光学界面，光线在这个界面上反射传播。在光纤的结构中，纤芯的主要

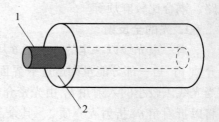

图 6 - 2 - 6 光纤的结构
1—纤芯；2—包层

材料为石英玻璃，直径为 5 ~ 75 μm，材料以二氧化硅为主，掺杂微量元素。包层的直径为 100 ~ 200 μm，折射率略低于纤芯。

3. 光纤的分类

光纤有很多种分类方法，按折射率分有阶跃型和梯度型两种，如图 6 – 2 – 7 所示。阶跃型光纤纤芯的折射率不随半径而变，但在纤芯与包层界面处折射率有突变。梯度型光纤纤芯的折射率沿径向由中心向外呈抛物线由大渐小，至界面处与包层折射率一致。因此，这类光纤有聚焦作用，光线传播的轨迹近似于正弦波，如图 6 – 2 – 8 所示。

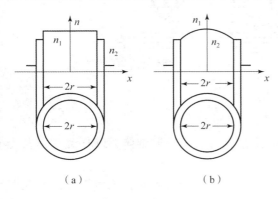

图 6 – 2 – 7　光纤的折射率断面
（a）阶跃型；（b）梯度型

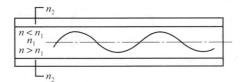

图 6 – 2 – 8　光在梯度型光纤的传输

光纤的另一种分类方法是按光纤的传播模式来分，可分为多模光纤和单模光纤两类。光纤传输的光波可以分解为沿纵轴向传播和沿横切向传播的两种平面波，后者在纤芯和包层的界面上会产生全反射。

4. 光纤传感器的特点

光纤有很多优点，因此用它制成的光纤传感器（FOS）与常规传感器相比也有很多特点：光纤传感器灵敏度高、电绝缘性能好、抗电磁干扰、可实现不带电的全光型探头；频带宽动态范围大，可用很相近的技术基础构成传感不同物理量的传感器，便于与计算机和光纤传输系统相连，易于实现系统的遥测和控制；可用于高温、高压及强电磁干扰、腐蚀等恶劣环境；此外由于光纤传感器具有结构简单、体积小、质量轻、耗能少等优点，故使光纤传感器的应用十分广泛。

5. 光纤传感器的应用

光纤传感器可应用于位移、振动、转动、压力、弯曲、应变、速度、加速度、电流、磁场、电压、湿度、温度、声场、流量、浓度、pH 值等 70 多个物理量的测量，且具有十分广泛的应用潜力和发展前景。

1）光纤液位传感器

图 6 – 2 – 9 所示为基于全内反射原理研制的液位传感器，它由 LED 光源、光电二极管、多模光纤等组成。它的结构特点是，在光纤测头端有一个圆锥体反射器，当测头置于空气中，没有接触液面时，光线在圆锥体内发生全内反射而返回到光电二极管；当测头接触液面时，由于液体折射率与空气不同，全内反射被破坏，将有部分光线透入液体内，使返回到光

电二极管的光强变弱。返回光强是液体折射率的线性函数。当返回光强发生突变时，表明测头已接触到液位。

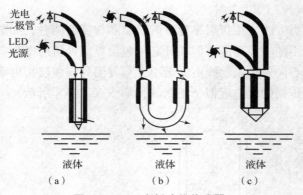

图 6 – 2 – 9　光纤液位传感器

(a) Y 形光纤；(b) U 形光纤；(c) 棱镜耦合

如图 6–2–9（a）所示结构主要是由一个 Y 形光纤、全反射锥体、LED 光源以及光电二极管等组成。

图 6–2–9（b）所示为一种 U 形结构。当测头浸入到液体内时，无包层的光纤光波导的数值孔径增加，液体起到了包层的作用，接收光强与液体的折射率和测头弯曲的形状有关。为了避免杂光干扰，光源采用交流调制。

在图 6–2–9（c）所示结构中，两根多模光纤由棱镜耦合在一起，它的光调制深度最强，而且对光源和光电接收器的要求不高。由于同一种溶液在不同浓度时的折射率也不同，所以经过标定，这种液位传感器也可作为浓度计。光纤液位计可用于易燃、易爆场合，但不能探测污浊液体以及会黏附在测头表面的黏稠物质。

2）热辐射光纤温度传感器

热辐射光纤温度传感器是利用光纤内产生的热辐射来传感温度的一种器件。它是以光纤纤芯中的热点本身所产生的黑体辐射现象为基础。这种传感器类似于传统的高温计，只不过这种装置不是探测来自炽热的不透明物体表面的辐射，而是把光纤本身作为一个待测温度的黑体腔。利用这种方法可确定光纤上任何位置热点的温度。由于它只探测热辐射，故无须任何光源。这种传感器可以用来监视一些大型电气设备，如电机、变压器等内部热点的变化情况。热辐射光纤温度传感器结构示意如图 6–2–10 所示。

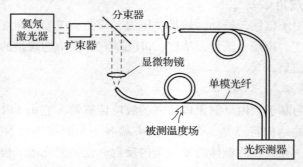

图 6 – 2 – 10　热辐射光纤温度传感器结构示意图

146

3）光纤电流传感器

图 6－2－11 所示为偏振态调制型光纤电流传感器原理图。根据法拉第旋光效应，由电流所形成的磁场会引起光纤中线偏振光的偏转，检测偏转角的大小，即可得到相应的电流值。

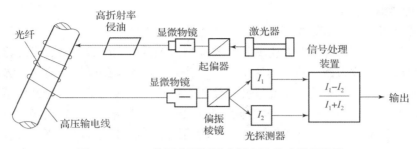

图 6－2－11　偏振态调制型光纤电流传感器示意图

4）医用光纤传感器

图 6－12－12 所示为医生操作医用内窥镜诊疗病情。医用光纤传感器体积小、电绝缘和抗电磁干扰性能好，特别适于身体的内部检测，可以用来测量体温、体压、血流量、pH 值等医学参量。医用内窥镜光纤柔软、自由度大、传输图像失真小，引入该技术后可以方便地检查人体的许多部位，如图 6－2－13 所示。

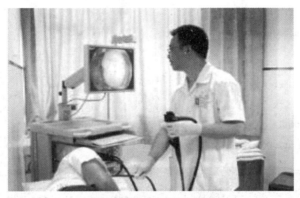

图 6－2－12　医用内窥镜

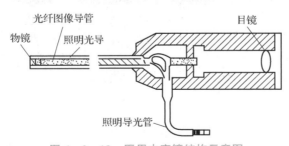

图 6－2－13　医用内窥镜结构示意图

光纤传感器是 20 世纪 70 年代中期发展起来的一种基于光导纤维的新型传感器。它是光纤和光通信技术迅速发展的产物，它与以电为基础的传感器有本质区别。光纤传感器用光作为敏感信息的载体，用光纤作为传递敏感信息的媒质。光纤传感器是利用光导纤维的传光特性，把被测量转换为光特性（强度、相位、偏振态、频率、波长）改变的传感器。它广泛应用于机械工程、航空科技、飞行控制、导航、显示、控制和记录系统中。

任务二　利用光纤传感器检测物体

1. 光纤传感器

光纤传感器将光源射出的光束经过光纤送进调制器，经过处理，光的光学性质例如光的波长、强度、频率、相位等就会发生变化。光纤型传感器由光纤放大器、光纤检测头两部分组成，光纤检测头和放大器是独立的两个部分，在光纤检测头的尾端部有两条光纤分出，分别把这两条光纤插入放大器的两个光纤孔来使用。按动作方式的不同，光纤传感器也可分为对射式、漫反射式等多种类型。光纤式传感器可以实现被检测物体在较远区域的检测。由于光纤损耗和光纤色散的存在，在长距离光纤传输系统中，必须在线路适当位置设立中级放大器，以对衰减和失真的光脉冲信号进行处理及放大。图6-2-14所示为两种不同的光纤传感器。

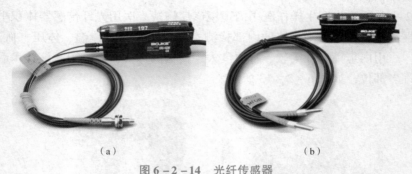

（a）　　　　　　　　　　（b）

图6-2-14　光纤传感器

（a）放大器配漫反射光纤；（b）放大器配对射式光纤

2. 光纤传感器界面

ER2-22N型数显光纤传感器控制按钮由以下几部分组成，如图6-2-15所示。

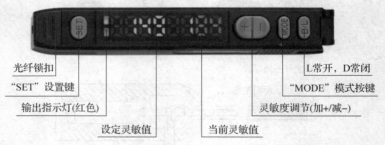

图6-2-15　ER2-22N型数显光纤传感器控制按钮

（1）"SET"键：此按键可用于敏感度设定。本传感器的基本原理为：通过光纤探头对不同介质折射率的感应，从而获得数字信号，显示在屏幕上，通过显示数值的大小与设定灵敏值的比较发送开关量。

（2）指示灯：此灯在传感器有信号输出时发生亮灭变化。

（3）设定灵敏值：在屏幕上显示为绿色，表明当前设定的灵敏值。当探头采集到的数值变化至此数值时，传感器产生信号。

（4）当前灵敏值：在屏幕上显示为红色，显示传感器当前采集的数值。

（5）选择按钮及左右箭头：可以实现各种功能的选择，相当于翻页键。

（6）模式选择按钮：此按钮可用于设定不同的工作模式。

3. 光纤传感器调试方法

1）灵敏度校准

（1）全自动校准：在工件进入探头的灵敏区域时，按住"SET"键保持3 s，灵敏值将会被设定，显示为绿色。

（2）两点校准：在工件未进入灵敏区域时，按住"SET"键保持3 s，有一个敏感值被记忆，然后将工件放置于敏感区域，按下"SET"键保持3 s，另一个敏感值被记忆，当敏感值从一个值变化为另一值时，传感器产生电平变化。

（3）一般校准：也可以通过按选择按钮及左右键来增减敏感度的设定值。

（4）位置校准：在工件未进入灵敏区域时，按住"SET"键保持3 s，然后将工件放置在离探头一定距离，按下"SET"键保持3 s，一个敏感值被记忆，当工件每次到达此位置时，传感器产生电平变化。

2）常开常闭设定

按下最右侧的开关选择按钮，可以选择内部开关为常闭还是常开。

3. 接线方法

ER2 – 22N 型数显光纤传感器接线要求是：棕线：L + 24 V；黑线：信号线；橙线：1 ~ 5 V；蓝线：公共端。不同输出要求的接线如图 6 – 2 – 16 所示。

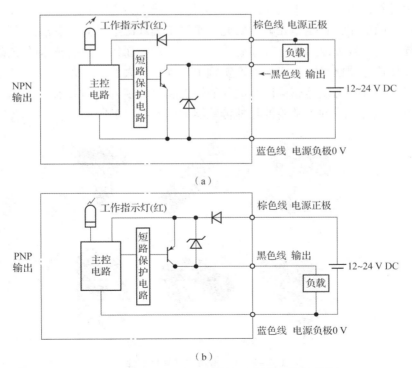

图 6 – 2 – 16　ER2 – 22N 型数显光纤传感器接线图

（a）NPN 型输出；（b）PNP 型输出

4. 实验步骤

（1）按接线图完成 ER2－22N 型数显光纤传感器的接线，确认无误后，将传感器通电。

光纤式
传感器
黑色和银色
识别

（2）将白色物品放于光纤检测点前，观察并记录所得的数值，再将黑色物品、白色物品放于光纤检测点前，观察并记录所得的数值。

（3）两组配合，调节光纤放大器颜色灵敏度，使检测白色物体的光纤传感器不能检测黑色物体、检测黑色物体的光纤传感器不能检测白色物体。

项目三　利用红外传感器制作报警装置

本项目主要学习红外传感器的工作原理、特点、分类及应用，会用红外传感器进行红外检测。

红外检测技术近来在疫情防控中起到了很重要的作用。请你列举出红外检测在生活中的应用场景，查找资料向同学们简单介绍一下红外检测的原理和优势。

任务一　认识红外传感器

红外技术是在最近几十年中发展起来的一门新兴技术，它在科技、国防和工农业生产等领域得到了广泛的应用，特别是在科学研究、军事工程和医学方面起着极其重要的作用，例如在红外制导火箭、红外成像和红外遥感等方面的应用。而红外辐射技术的重要工具就是红外传感器，红外传感器已经在现代化生产实践中发挥着巨大作用，尤其是在实现远距离温度监测与控制方面，红外温度传感器以其优异的性能满足了多方面的要求。因此，红外传感器的发展前景也是不可估量的。常用的红外传感器如图 6－3－1 所示。

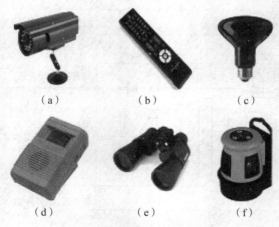

（a）　　　　　　（b）　　　　　　（c）

（d）　　　　　　（e）　　　　　　（f）

图 6－3－1　常用的红外传感器

（a）红外摄像头；（b）红外遥控器；（c）红外线灯；
（d）红外报警器；（e）红外透视望远镜；（f）红外水平仪

1. 红外辐射介绍

红外辐射又称红外线，是一种不可见光。它的波长范围在 0.76 ~ 1 000 μm，工程上又把红外线所占据的波段分为近红外、中红外、远红外和极远红外，如图 6 – 3 – 2 所示。

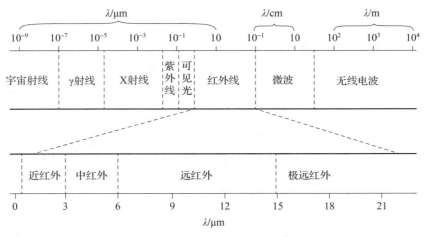

图 6 – 3 – 2　电磁波谱图

除了太阳能辐射红外线外，自然界中任何物体只要它本身具有一定的温度（高于绝对零度），都能辐射红外光，而且物体温度越高，发射的红外辐射能越多。物体在向周围发射红外辐射能的同时，也吸收周围物体发射的红外辐射能。

2. 红外传感器的结构

红外传感器就是利用红外辐射实现相关物理量测量的一种传感器。红外传感器的构成比较简单，它一般由光学系统、探测器、信号调节电路和显示单元几部分组成。其中，红外探测器是红外传感器的核心器件。

3. 红外传感器的工作原理

红外传感器的工作原理并不复杂，红外传感器是把红外辐射转换成电量变化的装置。一个典型的传感器系统各部分的实体分别有以下几种：

（1）待测目标。根据待测目标的红外辐射特性可进行红外系统的设定。

（2）大气衰减。待测目标的红外辐射通过地球大气层时，由于气体分子和各种气体以及各种溶胶粒的散射和吸收，将使得红外源发出的红外辐射发生衰减。

（3）光学接收器。它接收目标的部分红外辐射并传输给红外传感器，相当于雷达天线，常用的是物镜。

（4）辐射调制器。将来自待测目标的辐射调制成交变的辐射光，提供目标方位信息，并可滤除大面积的干扰信号，又称调制盘和斩波器，具有多种结构。

（5）红外探测器。这是红外系统的核心，它是利用红外辐射与物质相互作用所呈现出来的物理效应探测红外辐射的传感器，多数情况下是利用这种相互作用所呈现出的电学效应。此类探测器可分为光子探测器和热敏感探测器两大类型。

（6）探测器制冷器。由于某些探测器必须在低温下工作，所以相应的系统必须有制冷设备。经过制冷，设备可以缩短响应时间，提高探测灵敏度。

（7）信号处理系统。将探测的信号进行放大、滤波，并从这些信号中提取出信息；然后将此类信息转化成为所需要的形式；最后输送到控制设备或者显示器中。

（8）显示设备。这是红外设备的终端设备。常用的显示设备有示波器、显像管、红外感光材料、指示仪器和记录仪等。

4. 红外传感器的分类

红外传感器有很多分类方法，按功能可以分为以下几种，如表6-3-1所示。

表6-3-1　红外传感器的分类及用途

类型	用途
辐射计	用于辐射和光谱测量
搜索和跟踪系统	用于搜索和跟踪红外目标，确定其空间位置并对它的运动进行跟踪
热成像系统	可产生整个目标红外辐射的分布图像
红外测距和通信系统	用于距离测量和数据通信系统
混合系统	指以上各类系统中的两个或者多个的组合

按探测机理可分为光子探测器（基于光电效应）和热探测器（基于热效应）两种。

1）光子探测器

光子探测器型红外传感器是利用光子效应进行工作的传感器。所谓光子效应，是指当有红外线入射到某些半导体材料上时，红外辐射中的光子流与半导体材料中的电子相互作用，改变了电子的能量状态，引起各种电学现象，通过测量半导体材料中电子性质的变化，即可以知道红外辐射的强弱。

光子探测器主要有内光电探测器和外光电探测器两种，外光电探测器分为光电导探测器、光生伏特探测器和光磁电探测器3种类型。半导体红外传感器广泛应用于军事领域，如红外制导、响尾蛇空对空及空对地导弹、夜视镜等设备。

2）热探测器

红外线被物体吸收后将转变为热能，热探测器正是利用了红外辐射的这一热效应。当热探测器的敏感元件吸收红外辐射后将引起温度升高，使敏感元件的相关物理参数发生变化，通过对这些物理参数及其变化的测量即可确定探测器所吸收的红外辐射。

热探测器的主要优点是：响应波段宽，响应范围为整个红外区域，通常在室温下工作，使用方便。热探测器主要有4种类型：热敏电阻型、热电阻型、高莱气动型和热释电型。在这4种类型的探测器中，热释电探测器探测效率最高，频率响应最宽，所以这种传感器发展得比较快，应用范围也最广。

热释电探测器主要是由一种高热电系数的材料制成的探测器，即在每个探测器内装入一个或两个探测元件，并将两个探测元件以反极性串联，以抑制由于自身温度升高而产生的干扰。由探测元件将探测并接收到的红外辐射转变成微弱的电压信号，经装在探头内的场效应管放大后向外输出。

一些陶瓷材料具有自发极化（如铁电晶体）的特征，且其自发极化的大小在温度有稍许变化时即有很大的变化。在温度长时间恒定时由自发极化产生的表面极化电荷数目一定，它吸附空气中的电荷达到平衡，并与吸附存在于空气中的符号相反的电荷发生中和；若温度因吸收红外光而升高，则极化强度会减小，使单位面积上的极化电荷相应减少，释放一定量的吸附电荷；若与一个电阻连成回路而形成电流，则电阻上会产生一定的电压降，这种因温度变化引起自发极化值变化的现象称为热释电效应。热释电效应的原理图及其等效电路如图 6 - 3 - 3 所示，常见的热释电传感器结构如图 6 - 3 - 4 所示。

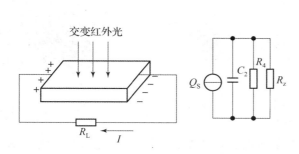

图 6 - 3 - 3　热释电效应原理图及其等效电路

（a）原理图；（b）等效电路

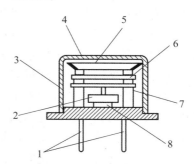

图 6 - 3 - 4　常见的热释电传感器结构

1—引脚；2—FET 管；3—外壳；4—窗口；

5—滤光片；6—PZT 热电元件；

7—支承环；8—电路元件

能产生热释电效应的晶体称为热释电体，又称为热电元件。热电元件常用的材料有单晶（$LiTaO_3$ 等）、压电陶瓷（PZT 等）及高分子薄膜（PVF2 等）。

5. 红外传感器的特点

由于红外传感器测量时不与被测物体直接接触，因而不存在摩擦，并且具有灵敏度高、响应速度快等优点。

6. 红外传感器的应用

红外传感器的主要应用有红外测温、红外成像、红外无损检测和红外侦查等。

1）被动式人体移动检测仪

被动式人体移动检测仪的检测电路如图 6 - 3 - 5 所示，在被动红外探测器中有两个关键性的元件，即热释电红外传感器和菲涅尔透镜。

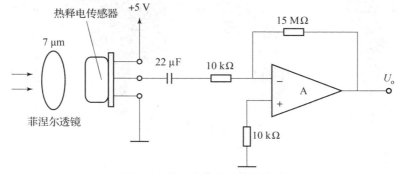

图 6 - 3 - 5　人体移动检测电路

（1）热释电红外传感器。它能将波长为 8~12 μm 的红外信号转变为电信号，并对自然界中的白光信号具有抑制作用。

（2）菲涅尔透镜。为了提高探测器的探测灵敏度以增大探测距离，一般在探测器的前方装设一个菲涅尔透镜，如图 6-3-6 所示。

该透镜用透明塑料制成，将透镜的上、下两部分各分成若干等份，制成一种具有特殊光学系统的透镜，它和放大电路相配合，可将信号放大 70 dB 以上，这样就可以测出 10~20 m 范围内人的行动。菲涅尔透镜有两个作用：一是聚焦作用，即将热释的红外信号透射或反射在热释电红外传感器上；二是将警戒区分为若干个明区和暗区，使进入警戒区的移动物体能以温度变化的形式在热释电红外传感器上产生变化的热释电红外

图 6-3-6　菲涅尔透镜

信号，这样传感器就能产生变化的电信号。实验证明，传感器若不加菲涅尔透镜，其检测距离将小于 2 m，而加上该光学透镜后，其检测距离可大于 7 m。

被动式人体移动检测仪的工作原理是：当有人进入传感器监测范围时，传感器监测范围内温度有 ΔT 的变化，热释电效应导致在两个电极上产生电荷 ΔQ，即在两电极之间产生一微弱的电压 ΔU。由于它的输出阻抗极高，故在传感器中有一个场效应管进行阻抗变换。由于热释电效应所产生的电荷 ΔQ 会被空气中的离子所结合而消失，故当环境温度稳定不变时，$\Delta T = 0$，则传感器无输出。当人体进入检测区时，通过菲涅尔透镜，热释电红外传感器就能感应到人体温度与背景温度的差异信号 ΔT，则有相应的输出；若人体进入检测区后不动，则温度没有变化，传感器也就没有输出。因此，被动式人体移动检测仪红外探测的基本概念就是感应移动物体与背景物体的温度的差异。

2）红外辐射温度计

红外辐射温度计既可用于高温测量，又可用于冰点以下的温度测量，所以是辐射温度计的发展趋势。市售的红外辐射温度计的温度范围为 -30 ℃~3 000 ℃，中间分成若干个不同的规格，可根据需要选择适合的型号。常见的红外辐射温度计如图 6-3-7 所示。

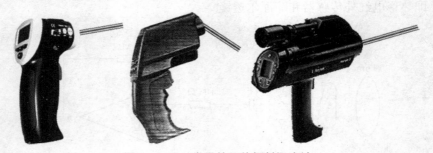

图 6-3-7　常见的红外辐射温度计

3）红外夜视仪

红外夜视仪是一种利用红外成像技术达到侦察目的的设备。夜晚，由于各种物体温度不同，辐射红外线的强度不同，故在夜视仪中就会有不同的图像。红外夜视仪可以清楚地显示

黑暗中发生的行为,它可用于在夜间追捕罪犯。

4)红外遥控

可见光不易通过水雾和浮尘,而红外线却容易绕过它们,应用这一特点发展起来的红外遥感和遥测技术有广泛的应用。例如,气象卫星收集气象信息,以及应用红外监控航天飞机的返航等。

此外,红外遥控可以实现无线、非接触控制,具有抗干扰能力强、功耗低、成本低、易实现等优点,现在大量应用于家用电器中。

红外遥控是采用红外发光二极管作为发射电路,来发出经过调制的红外光波,采用红外接收二极管、三极管或硅光电池组成红外接收电路,它们将红外发射器发射的红外光转换为相应的电信号,再送至后置放大器,经过解码、滤波等一系列操作之后将信号恢复。

红外遥控不具备穿过障碍物的能力,在设计家用电器的红外遥控器时,同类产品的红外遥控器可以采用相同的遥控频率或编码,不会出现遥控信号"穿墙"控制到隔壁的情况。这为在大批量生产的家用电器上普及红外遥控提供了极大的方便。

5)红外气体分析仪

红外气体分析仪是利用不同气体对红外线波长的电磁波能量具有特殊吸收特性的原理而进行气体成分和含量分析的仪器,如图6-3-8所示。

图6-3-8 红外线气体分析仪

任务二 利用红外传感器检测人体动作

1. HC-SR501人体感应模块

HC-SR501人体感应模块是基于红外线技术的自动控制模块,采用LHI778探头感知信号,灵敏度高,可靠性强,超低电压工作模式,广泛应用于各类自动感应电器设备,该模块实物如图6-3-9所示。

| (a) | (b) |

图6-3-9 HC-SR501人体感应模块

(a)正面;(b)背面

2. HC-SR501人体感应模块特点

该模块的特点有:全自动感应。人进入其感应范围则输出高电平;人离开感应范围则自动延时关闭高电平,输出低电平。光敏控制(可选择,出厂时未设)可设置光敏控制,白

155

天或光线强时不感应。温度补偿（可选择，出厂时未设）：在夏天当环境温度升高至30 ℃ ~ 32 ℃，探测距离稍变短，温度补偿可做一定的性能补偿。其有两种触发方式：（可跳线选择）不可重复触发方式，即感应输出高电平后，延时时间段一结束，输出将自动从高电平变成低电平；可重复触发方式，即感应输出高电平后，在延时时间段内，如果有人在其感应范围内活动，则其输出将一直保持高电平，直到人离开后才延时将高电平变为低电平（感应模块检测到人体的每一次活动后会自动顺延一个延时时间段，并且以最后一次活动的时间为延时时间的起始点）。具有感应封锁时间（默认设置2.5 s封锁时间）：感应模块在每一次感应输出后（高电平变成低电平），可以紧跟着设置一个封锁时间段，在此时间段内感应器不接受任何感应信号。此功能可以实现"感应输出时间"和"封锁时间"两者的间隔工作，可应用于间隔探测产品；同时此功能可有效抑制负载切换过程中产生的各种干扰（此时间可设置在零点几秒 ~ 10 s）。工作电压范围宽：默认工作电压为DC 4.5 ~ 20 V。微功耗：静态电流 < 50 μA，特别适合干电池供电的自动控制产品。输出高电平信号：可方便与各类电路实现对接。

3. HC – SR501人体感应模块使用注意事项

（1）感应模块通电后有1 min左右的初始化时间，在此期间模块会间隔地输出0 ~ 3次，1 min后进入待机状态。

（2）应尽量避免灯光等干扰源近距离直射模块表面的透镜，以免引进干扰信号而产生误动作；使用环境尽量避免流动的风，风也会对感应器造成干扰。

（3）感应模块采用双元探头，探头的窗口为长方形，双元（A元B元）位于较长方向的两端，当人体从左到右或从右到左走过时，红外光谱到达双元的时间、距离有差值，差值越大，感应越灵敏，当人体从正面走向探头或从上到下或从下到上方向走过时，双元检测不到红外光谱距离的变化，无差值，因此感应不灵敏或不工作。所以安装感应器时应使探头双元的方向与人体活动最多的方向尽量相平行，以保证人体经过时先后被探头双元所感应。

为了增加感应角度范围，本模块采用圆形菲涅尔透镜，也使得探头四面都感应，但左右两侧仍然比上下两个方向感应范围大、灵敏度强，安装时仍须尽量按以上要求。该模块感知范围如图6 – 3 – 10所示。

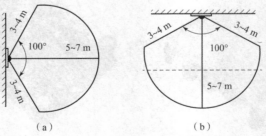

图6 – 3 – 10　HC – SR501人体感应模块感知范围

（a）侧面安装；（b）顶部安装

（4）该模块使用时注意调节距离电位器顺时针旋转，感应距离增大（约7 m）；反之，感应距离减小（约3 m）。调节延时电位器顺时针旋转，感应延时加长（约300 s）；反之，感应延时减短（约0.5 s）。L（上两个）焊盘为不可重复触发模式。H（下两个）焊盘默认为可触发模式：一般默认为可重复触发模式，如要改为不可重复模式，则需割断H箭头所指向的铜皮，然后把上面两个焊盘短路。如图6 – 3 – 11所示。

图 6 – 3 – 11　HC – SR501 人体感应模块调节方式

4. HC – SR501 人体感应模块接线图

HC – SR501 人体感应模块有三个接口，分别是 + 、 – 及信号端，输出为数字量，其接线图如图 6 – 3 – 12 所示。

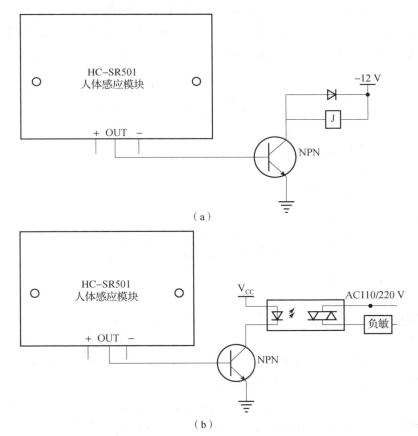

图 6 – 3 – 12　HC – SR501 人体感应模块接线图

（a）直流负载接线图；（b）交流负载接线图

完整版 HC – SR501 人体感应模块

5. 实验步骤

（1）按接线图完成 HC – SR501 人体感应模块接线，确认无误后，将传感器通电。

（2）同学之间配合，人在 HC – SR501 人体感应模块前移动，观察模块上亮灯情况并记录。

（3）测试该模块检测到人动作的最小距离，拿掉菲涅尔透镜，测试其动作距离。调节模块上的距离调节钮，观察动作距离的变化。

 知识拓展

机器视觉技术

机器视觉技术是人工智能正在快速发展的一个分支。简单说来，机器视觉就是用机器代替人眼来做测量和判断。机器视觉主要用计算机来模拟人的视觉功能，但并不仅仅是人眼的简单延伸，更重要的是具有人脑的一部分功能——从客观事物的图像中提取信息，进行处理并加以理解，最终用于实际检测、测量和控制。机器视觉系统是通过机器视觉产品（即图像摄取装置，分 CMOS 和 CCD 两种）将被摄取目标转换成图像信号，传送给专用的图像处理系统，得到被摄目标的形态信息，根据像素分布和亮度、颜色等信息，转变成数字化信号；图像系统对这些信号进行各种运算来抽取目标的特征，进而根据判别的结果来控制现场的设备动作，其应用流程如图 6 – 4 – 1 所示。

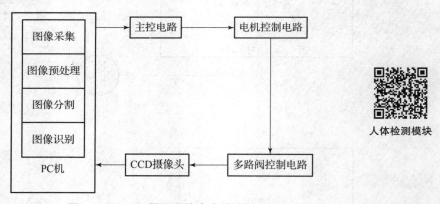

人体检测模块

图 6 – 4 – 1　机器视觉技术应用流程

机器视觉技术是一门涉及人工智能、神经生物学、心理物理学、计算机科学、图像处理、模式识别等诸多领域的交叉学科。机器视觉主要用计算机来模拟人的视觉功能，从客观事物的图像中提取信息，进行处理并加以理解，最终用于实际检测、测量和控制。机器视觉技术最大的特点是速度快、信息量大和功能多。

机器视觉不同于计算机视觉，机器视觉是专注于集合机械、光学、电子、软件系统、检查自然物体和材料、人工缺陷和生产制造过程的工程，其目的是检测缺陷及提高质量和操作效率，并保障产品和过程安全。机器视觉即将计算机视觉应用于工业自动化。

机器视觉伴随计算机技术、现场总线技术的发展，技术日臻成熟，已是现代加工制造业不可或缺的产品，广泛应用于食品和饮料、化妆品、制药、建材和化工、金属加工、电子制造、包装、汽车制造等行业。

机器视觉技术的引入，代替传统的人工检测方法，极大地提高了投放市场的产品质量，由于机器视觉系统可以快速获取大量信息，而且易于自动处理，也易于同设计信息以及加工控制信息集成，因此，在现代自动化生产过程中，人们将机器视觉系统广泛用于工况监视、成品检验和质量控制等领域。机器视觉系统的特点是提高生产的柔性和自动化程度。在一些不适于人工作业的危险工作环境或人工视觉难以满足要求的场合，常用机器视觉来替代人工视觉；同时在大批量工业生产过程中，用人工视觉检查产品的质量，效率低且精度不高，而用机器视觉检测方法则可以大大提高生产效率和生产的自动化程度。而且机器视觉易于实现信息集成，是实现计算机集成制造的基础技术。

1. 机器视觉工业检测系统

机器视觉工业检测系统就其检测性质和应用范围而言，分为定量和定性检测两大类，每类又分为不同的子类。机器视觉在工业在线检测的各个应用领域十分活跃，如：印刷电路板的视觉检查、钢板表面的自动探伤、大型工件平行度和垂直度测量、容器容积或杂质检测、机械零件的自动识别分类和几何尺寸测量等。此外，在许多其他方法难以检测的场合，利用机器视觉系统可以有效地实现。机器视觉的应用正越来越多地代替人去完成许多工作，这无疑在很大程度上提高了生产自动化水平和检测系统的智能水平。

2. 机器视觉技术应用于机械设备精密测量

通常在机械设备零件精准测量时，机器视觉技术是大部分企业的必然选择。这是由于机器视觉系统包含着功能强大的专业光学系统和 CCD 摄像头，这些组成内容可以高效收集光源，并将发射出来的光源照射到被监测对象的区域部位上，再配合显微光学镜组与被检测对象的边缘部分，最终可以掌握被检测对象的整体轮廓情况。

如果在实际检测过程中，被检测对象发生了位移，那么就需要对其轮廓位置进行二次处理和图像修改，并利用多次计算来得出计算量。此外，还可以根据位移前后所产生的偏差位移量来整合两幅检测图像的边缘轮廓，将它们归纳到同一个图像当中，这样就可以得出两次测量之后的标准尺寸数值，进而提升测量工作的精准性。从目前实际情况来看，因为机械制造企业生产线通常都是流水作业模式，因此视觉系统可以起到一定的辅助作用，帮助生产流水线能够大批次地生产机械产品，而利用以上方法进行在线检测的过程中，检测效率能够大大提高。从客观角度而言，此测量方法适用于一些形状简单且结构偏小的机械元件。像汽车电子零件设计过程中就可以利用精密测量方法，这样一来产品的精准性和生产效率就可以得到明显提升。从目前机器视觉技术应用之后的经验来看，机器视觉系统可以实现在 1 min 内完成上百件产品的检测，并且误差精准度可以精确到 0.01 mm。

3. 在工件检测中的应用

在机器视觉技术应用于机械制造自动化的过程中，其优势具体表现在工件检测方面，通过该技术可以对机械设备中的零部件曲线问题进行检测。现如今，汽车制造业与内燃机制造业都是我国需要进行大力机械生产的行业，在这一类型机械生产活动中，因为不同员工的工作能力和专业程度相差甚远，并且测试标准也存在差异性，所以在机械测试过程中经常会投入大量的物力和人力。同时，在机械制造自动化检测过程中，由于经常出现人工操作误差较大的情况，这也在一定程度上降低了检测结果的准确性。利用机械视觉技术可以快速检测出机械生产设备零部件中所存在的缺陷问题，使最终的检测结果更加精准，进而对机械产品质量进行有效掌控。例如：连接杆头爆炸监测就是一个十分典型的例子，在任意一个方向的接头断裂线性长度不能超过 2.5 mm，接头断口面积也不能超过 3 mm²。利用机器视觉技术可以通过漫射光照射的方式来转换图像电信号，通过分析其中的功率信号和图像处理系统结果可以得到最终结果。在具体应用过程中，机器视觉系统设置了比较灰度二值化的光源与浓度。

除此之外，机器视觉技术也可以广泛应用于不同领域的机械自动化生产当中，比如汽车电子元件生产以及视觉检测系统等，目前已经取得了十分显著的成绩。国家也开始对机器视觉技术给予了高度认可和支持，并投入了大量资源来促进发展。

4. 在工件测量过程中的应用

工件测量是机器视觉技术在机械制造自动化中的关键应用内容之一，整个测量系统主要是由计算机处理系统、光学系统以及 CCD 摄影机组成，利用机器视觉技术可以快速测量工件的预设情况。

以往的测量方法主要采用的是光学投影法，利用此方法可以确定工件的预设位置，需要投入大量的人力成本，在技术方面也有严格要求，所以传统测量方法无法确保其精准性。而新型的测量方式就是利用机器视觉技术来对传统测量方法进行优化，将先进的光栅技术、计算机处理技术以及自动控制技术整合到一起，利用预设测量的渠道来对整个测量过程进行优化，进而提升测量工作的精确性，为下一步提高整体工作效率做好铺垫。

在工件定制与测量过程中，还可以应用逆向工程测量法，在测量定制工件信息之后，建立起十分完善的基础三维坐标图，利用 CAD 和 CAM 等系统来处理图像信息，建立完整的模型结构，模型建立的质量会在很大程度上受数据测量准确性的影响，所以全面推广使用机器视觉技术，可以有效提高被测量对象的精准性。因为在此情境下，CCD 在被条纹图像吸收过后，就只会剩下数字、视频以及模拟等三个信号，所输出的数据信息也会呈现在显示屏上。除了利用机器视觉计数测量工具尺寸之外，还可以测量机械设备元件的磨损程度，在多样化因素的影响下，检测工件的磨损程度将会变得更高。

5. 刀具磨损和预调测量中的应用

在此过程中，机器视觉技术也可以发挥出应有的优势，像测量某些形状和尺寸形变较为严重的工件，它可以比传统方式更加简单，且不需要将刀具卸下之后再进行测量，而是利用光源检测法去检验刀具的磨损程度。在此过程中，首先要明确光照强度与拍摄角度，确保镜头周围能够拥有足够的光线，以此来规避受阴影影响所导致的测量误差。在此区间内可以通过转动夹具来调整合适的角度，伴随着角度转动幅度越来越大，成像设备尺寸会随之减小，机器视觉系统的实际检测范围也因此大大提升。

另外，在对比刀具磨损程度后，可以合理简化刀具机械精密测量自动化的应用。经过实践应用证明，如果在测量精度调整和速度判断方面应用机器视觉技术，那么从常规角度分析来看，机器视觉技术更适合用于精密测量当中，它的测量信噪会一直降到 50 dB 左右。此外，从常规技术角度分析来看，机器视觉技术更适用于常规形状刀具这样的测量过程中，并不适用于几何结构过于复杂的特殊刀具当中。

6. 机器视觉技术未来发展趋势

1）价格持续下降

目前，在我国机器视觉技术还不太成熟，主要靠进口国外整套系统，价格比较昂贵，随着技术的进步和市场竞争的激烈，价格下降已成必然趋势，这意味着机器视觉技术将逐渐被接受。

2）功能逐渐增多

计算能力的增强、更高分辨率的传感器以及更快的扫描率和软件功能的提高得以实现更多的功能。PC处理器的速度在得到稳步提升的同时，其价格也在下降，这推动了更快的总线的出现，而总线又反过来允许具有更多数据的更大图像，以更快的速度进行传输和处理。

3）产品小型化

机器视觉产品变得更小，这样就能够在厂区所提供的有限空间内得到应用。例如在工业配件上LED已经成为主导光源，它的小尺寸使成像参数的测定变得容易，其耐用性和稳定性非常适用于工厂设备。

4）集成产品增多

智能相机是在一个单独的盒内集成了处理器、镜头、光源、输入/输出装置及以太网、电话和PDA，推动了更快、更便宜的精简指令集计算机（RISC）的发展，这使智能相机和嵌入式处理器的出现成为可能。

由于机器视觉系统可以快速获取大量信息，而且易于自动化处理，也易于同设计信息以及加工控制信息集成，可以预计的是，随着机器视觉技术自身的成熟和发展，它将在现代和未来制造企业中得到越来越广泛的应用。

思考与练习

1. 填空题

（1）光敏电阻利用_____随光照强度变化的特性测量光照强度。

（2）光敏二极管在电路中一般处于_____工作状态。

（3）使用光敏三极管必须外加偏置电路，以保证集电结_____、发射结_____。

（4）光纤传感器根据工作原理可以分为_____和_____。

2. 选择题

（1）在下列光电器件中，属于外光电效应的器件是（　　）。

A. 光电管　　　　　　　　　　　　B. 光敏电阻

C. 光敏二极管　　　　　　　　　　D. 光电池

（2）在下列光电器件中，属于光电导效应的器件是（　　）。

A. 光电倍增管　　　　　　　　　　B. 光电管

C. 光电池　　　　　　　　　　　　D. 光敏晶体管

（3）在光线作用下，传感器上能产生电动势的是（　　）。

A. 光敏电阻　　　　　　　　　　　B. 光敏二极管

C. 光敏三极管　　　　　　　　　　D. 光电池

（4）以下关于光纤传感器的说法不正确的是（　　　）。

A. 光纤传感器根据分工作原理可为传感型和传光型

B. 光的调制分为波长调制和频率调制

C. 光纤传感器是新技术，成本较高

D. 光纤传感器可以用来测量多种物理量

（5）人耳可听的声波频率范围是（　　　）。

A. ＜20 Hz　　　　　　B. 20～20 kHz　　　　　　C. ＞20 kHz　　　　　　D. 以上均不正确

3. 判断题

（1）当光敏电阻受到一定波长范围的光照时，它的阻值（亮电阻）急剧减小，电路中电流迅速增大。（　　　）

（2）当被测量是开关量时，可把光电池作为电压源来使用。（　　　）

（3）超声波传感器中包含超声波发射装置和超声波接收装置。（　　　）

（4）噪声是使人烦躁或音量过强而危害人体健康的声音。（　　　）

（5）红外传感器发出的光人肉眼不可见。（　　　）

4. 简答题

（1）基于内光电效应的光电传感器有哪几种？

（2）什么是光电效应？简单叙述光电式传感器的基本原理。

（3）光电式传感器由几部分组成？直射型和反射型光电式传感器有何区别？

（4）举例说明，光电式传感器主要有哪些方面的应用。

（5）光纤传感器可以用来测量哪些物理量？

（6）简述光纤的结构及其工作原理。光纤检测有什么特点？

（7）什么是斯涅尔（Snell）定律？

（8）光纤传导光有几种状态？分别简述随入射角变化，折射角如何变化。

（9）简述光纤的主要应用，并举例说明。

（10）什么是红外线？简述红外传感器的基本结构。

（11）红外传感器按照探测机理可以分为哪几类？

（12）红外传感器的工作原理是什么？它有什么特点？

（13）什么是超声波？它有什么特点？

（14）超声波传感器的工作原理是什么？它主要由哪几部分组成？

（15）根据所学过的知识，分析超声波汽车倒车防盗装置的工作原理。该装置还可以有其他哪些用途？

模块七
气体成分和湿度的检测

本模块主要介绍气敏传感器、烟雾传感器、湿度传感器的工作原理、基本结构、工作过程及应用特点，并能根据工程要求正确安装和使用相关传感器。

【学习目标】

知识目标

（1）能说出气敏传感器、烟雾传感器、湿度传感器的工作原理及特点；

（2）能说出气敏传感器、烟雾传感器、湿度传感器的分类及应用；

（3）能说出气敏传感器、烟雾传感器、湿度传感器测量温度的范围及应用场合。

能力目标

（1）能够按照电路要求对气敏传感器、烟雾传感器、湿度传感器进行正确接线，并且会使用万用表检测电路；

（2）能够分析各类环境传感器模块检测到的相关数据；

（3）能根据生产现场实际情况选择合适的传感器。

素养目标

（1）培养良好的职业道德，严格遵守本岗位操作规程；

（2）培养良好的团队精神和沟通协调能力；

（3）培养创新意识，能应用所学知识解决生活中的相关问题。

在日常的生活生产中，除温度之外，还经常需要对气体成分和湿度等环境量进行检测。例如，交警利用酒精传感器检查驾驶员是否酒驾，如图7-1所示；环境监测点需要用气敏传感器检测空气里的相关成分，如图7-2所示；气象人员对湿度、温度、风速等环境数据进行采集，准确分析、预报天气情况等，如图7-3所示。

图7-1　警察检测驾驶员是否酒后驾车

图7-2　环境监测点的大气离子自动检测系统

图7-3　气象监测中的湿度传感器

项目一 利用酒精传感器检测酒精

本项目中主要学习气敏电阻传感器的工作原理、特点、分类及应用，会用气敏传感器进行酒精浓度的测量。

生活中的气体检测经常伴随着安全问题。请你查找资料，向同学们介绍下气体检测所需要用到的场合和起到的作用。

任务一 认识气敏传感器

在日常生产生活和科学研究中，人们经常会遇到各种各样的气体。这些气体有有害的，如一氧化碳、氨气等；有易燃易爆的，如氢气、天然气、煤气瓦斯、液化石油气等。为防止发生不幸事故，需要对各种各样的有害易燃易爆气体进行有效监控。图 7-1-1 所示为常用的气敏传感器。

图 7-1-1 常用的气敏传感器

气敏传感器是一种能检测特定气体成分，并将检测到的气体成分和浓度转换为电信号的传感器。它可用于检测与控制生活和生产中常接触的各种各样的气体，比如化工生产中气体成分的检测与控制；煤矿瓦斯浓度的检测与报警；环境污染情况的监测；煤气泄漏；火灾报警；燃烧情况的检测与控制等。

1. 气敏传感器的分类

要检测的气体种类繁多，性质也各有不同，所以不可能用同一种方法来检测所有气体。对气体的检测分析方法也会因气体的种类、成分、浓度和用途不同而不同。目前主要应用的方法有电气法、电化学法和光学法等。

电化学法是使用电极或电解液对气体进行检测的方法，有接触燃烧式气体传感器和电化学气敏传感器等。

光学法是利用气体的光学折射率或光吸收等特性检测气体的方法。

电气法是利用气敏元件（主要是半导体气敏元器件）检测气体的方法，称为半导体气敏传感器，是目前应用最为广泛的气体检测方法。

气敏传感器是一种检测特定气体的传感器。按工作原理主要有半导体气敏传感器、接触燃烧式气敏传感器、光学式气体传感器和电化学气敏传感器等，其中用得最多的是半导体气敏传感器。它的应用主要有一氧化碳气体的检测、瓦斯气体的检测、煤气的检测、氟利昂（R11、R12）的检测、呼气中乙醇的检测、人体口腔口臭的检测等。

它将气体种类及其与浓度有关的信息转换成电信号，根据这些电信号的强弱就可以获得与待测气体在环境中的存在情况有关的信息，从而可以进行检测、监控、报警；还可以通过接口电路与计算机组成自动检测、控制和报警系统。

其中气敏传感器按检测气体类型有以下几种类型：

（1）可燃性气体气敏元件传感器，包含各种烷类和有机蒸气类（VOC）气体，大量应用于抽油烟机、泄漏报警器和空气清新机；

（2）一氧化碳气敏元件传感器，一氧化碳气敏元件可用于工业生产、环保、汽车、家庭等一氧化碳泄漏和不完全燃烧检测报警；

（3）氧传感器，氧传感器应用很广泛，在环保、医疗、冶金、交通等领域需求量很大；

（4）毒性气体传感器，主要用于检测烟气、尾气和废气等环境污染气体。

1）接触燃烧式气体传感器

接触燃烧式气体传感器的检测元件一般为铂金属丝（也可表面涂铂、钯等稀有金属催化层），使用时对铂丝通以电流，保持300 ℃~400 ℃的高温，此时若与可燃性气体接触，可燃性气体就会在稀有金属催化层上燃烧，因此，铂丝的温度会上升，铂丝的电阻值也上升；通过测量铂丝的电阻值变化的大小，即可知道可燃性气体的浓度。接触燃烧式气体传感器的结构与测量电路如图7-1-2所示。

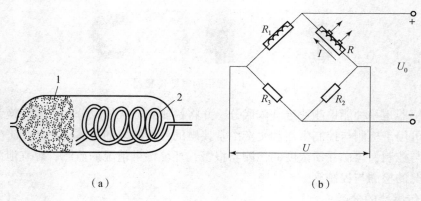

（a）　　　　　　　　　　（b）

图7-1-2　接触燃烧式气体传感器

（a）结构；（b）测量电路

1—金属氧化物烧结体；2—铂丝

2）电化学气敏传感器

电化学气敏传感器一般利用液体（或固体、有机凝胶等）电解质，其输出形式可以是气体直接氧化或还原产生的电流，也可以是离子作用于离子电极产生的电动势。

3）光学式气体传感器

光学式气体传感器是基于光学原理进行气体测量的传感器，主要包括红外吸收型、光谱吸收型、荧光型、光纤化学材料型等，还有化学发光式、光纤荧光式和光纤波导式等。其主要以红外吸收型气体分析仪为主，由于不同气体的红外吸收峰不同，故可通过测量和分析红外吸收峰来检测气体。此外还有流体切换式、流程直接测定式和傅里叶变换式在线红外分析仪，其具有高抗振能力和抗污染能力，与计算机相结合，能连续测试分析气体，具有自动校正、自动运行的功能。图7-1-3所示为在线式高频红外硫碳分析仪实物图。

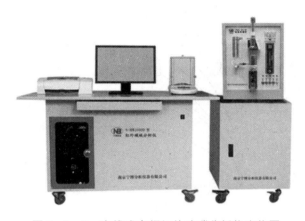

图7-1-3　在线式高频红外硫碳分析仪实物图

4）半导体气敏传感器

半导体气敏传感器具有灵敏度高、响应快、稳定性好、使用简单的特点，应用极其广泛；半导体气敏元件有N型和P型之分。N型在检测时阻值随气体浓度的增大而减小；P型且值随气体浓度的增大而增大。常用的气敏电阻的结构及测量电路如图7-4-4所示。

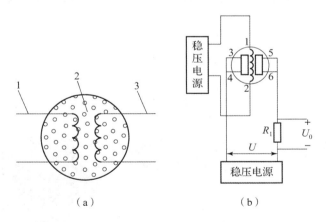

（a）　　　　　　　　　（b）

图7-1-4　常用的气敏电阻的结构及测量电路

（a）结构；（b）测量电路

1、3—加热丝；2—氧化物半导体

2. 半导体气敏电阻传感器的工作原理

半导体气敏传感器是利用半导体气敏元件同气体接触后，造成半导体性质的变化来检测特定气体的成分或者测量其浓度。

半导体气敏传感器大体上可分为两类：电阻式和非电阻式。电阻式半导体气敏传感器是利用气敏半导体材料，如氧化锡（SnO_2）、氧化锰（MnO_2）等金属氧化物制成敏感元件，当它们吸收了可燃气体的烟雾，如氢、一氧化碳、烷、醚、醇、苯以及天然气、沼气等时，会发生还原反应，放出热量，使元件温度相应增高，电阻发生变化。利用半导体材料的这种特性，将气体的成分和浓度（典型气敏元件的阻值－浓度关系）变换成电信号，进行监测和报警。气敏器件阻值和气体浓度之间的关系如图7－1－5所示。

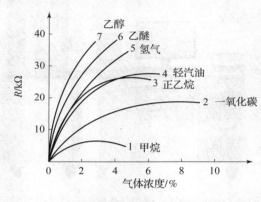

图7－1－5 气敏器件阻值和气体浓度关系

从图7－1－5中可以看出，元件对不同气体的敏感程度不同，如对乙醚、乙醇、氢气等具有较高的灵敏度，而对甲烷的灵敏度较低。一般随气体浓度的增加，元件阻值明显增大，在一定范围内呈线性关系。

半导体气敏传感器具有灵敏度高、响应快、稳定性好、使用简单的特点，应用极其广泛。

3. 气敏传感器的应用

气敏传感器主要用于防灾报警，如可制成液化石油气、天然气、城市煤气、煤矿瓦斯以及有毒气体等方面的报警器；也可用于对大气污染进行监测以及在医疗上用于对 O_2、CO 等气体的测量；在生活中则可用于空调机、烹调装置、酒精浓度探测等方面。

1）燃气报警器

各类易燃、易爆、有毒、有害气体的检测和报警都可以用相应的气敏传感器及其相关电路来实现，如气体成分检测仪、气体报警器、空气净化器等已用于工厂、矿山、家庭、娱乐场所等。家用燃气泄漏报警器如图7－1－6所示。

2）酒精传感器

酒精传感器是利用气体在半导体表面的氧化和还原反应导致敏感元件阻值发生变化：若气体浓度发生变化，则阻值发生变化，根据这一特性，可以从阻值的变化中得知吸附气体的种类和浓度。

图7－1－6 家用燃气泄漏报警器

常见的酒精传感器及其气敏元件如图7-1-7所示。

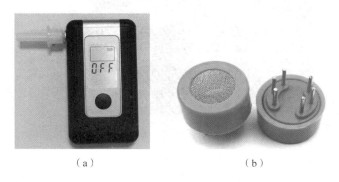

（a）　　　　　　　　　　　（b）

图7-1-7　常见的酒精传感器及其气敏元件

（a）酒精传感器；（b）气敏元件

3）矿灯瓦斯报警器

矿灯瓦斯报警器装配在酸性矿工灯上，使普通矿灯兼具照明与瓦斯报警两种功能。该报警器由电源变换器提供电路稳定电压并由气敏元件、报警点控制电路和报警信号电路构成。如在传感器故障的情况下，矿灯每十秒钟闪一次；当矿灯在空气中监测到甲烷气体达到报警浓度时，矿灯每秒闪一次。矿井瓦斯报警器如图7-1-8所示。

气敏式传感器除了可以有效地进行瓦斯气体的检测、煤气的检测和酒精浓度检测外，还可以

图7-1-8　矿井瓦斯报警器

进行一氧化碳气体的检测、氟利昂的检测、人体口腔口臭的检测等，还可以通过接口电路与计算机组成自动检测、控制和报警系统。

任务二　利用酒精传感器制作简易酒精测试器

驾驶员应牢记，绝对禁止酒后驾车，不酒后驾车也是我们每个公民珍爱生命、保护人民财产应有的公德。本任务将搭建简易酒精检测装置，可以简单检测驾驶员是否饮酒。

1. MQ-3型气敏传感器

MQ-3气敏传感器所使用的气敏材料是在清洁空气中电导率较低的二氧化锡（SnO_2）。当传感器所处环境中存在酒精蒸气时，传感器的电导率随空气中酒精气体浓度的增加而增大，使用简单的电路即可将电导率的变化转换为与该气体浓度相对应的输出信号。MQ-3气体传感器对酒精的灵敏度高，可以抵抗汽油、烟雾和水蒸气的干扰。这种传感器可检测多种浓度酒精气氛，是一款适合多种应用的低成本传感器，其实物如图7-1-9所示。

图 7-1-9　MQ-3型气敏传感器实物图

该传感器具有信号输出指示，双路信号输出（模拟量输出及数字量电平输出），当达到设定酒精浓度时，其数字量输出端输出有效信号为低电平，即当输出低电平时信号灯亮，可直接接单片机，其模拟量输出端为 0～5 V 电压，浓度越高电压越高。该模块对乙醇蒸气具有很高的灵敏度和良好的选择性，具有长期的使用寿命和可靠的稳定性，还具有快速的响应恢复特性，可用于机动车驾驶人员及其他严禁酒后作业人员的现场检测，也用于其他场所乙醇蒸气的检测。

2. 气敏传感器的检测

电阻测试法主要用于使用维护时粗测气敏传感器的好坏，如图 7-1-10 所示。图 7-1-10 中 MQ-3 型气敏传感器有 4 只针状引脚，其中 2 只用于信号输出（图中已分别并联为 A、B），另两只用于提供加热电流。检测 MQ-3 型气敏传感器的好坏，可通过用数字万用表测量 MQ-3 的电阻来检测。当电源开关 S 断开时，传感器没有驱动电流即加热电流，A、B 之间电阻大于 20 MΩ。当开关 S 闭合时，器件内的微加热丝 f-f 得电发热（第一次需要预热 10 min 左右），此时若将盛有酒精的小瓶瓶口靠近传感器，则可以看到电阻值立即由 20 MΩ 以上降到 0.5～1 MΩ；移开小瓶 20～40 s 后、A、B 间电阻又恢复至大于 20 MΩ 的状态。

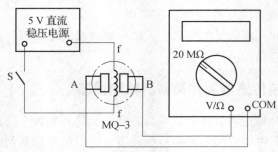

图 7-1-10　电阻法检测气敏传感器

3. 简易酒精测试器电路分析

图 7-1-11 所示为一种简易酒精测试器，可测试饮酒者的醉酒程度。图 7-1-11 中采用负载为电阻高灵敏度的 MQ-3 型酒精传感器，LM3914 是 LED 显示驱动集成电路。传感器的负载为电阻 R_1 及可调电阻 R_2，当无酒精蒸气时，气敏电阻的阻值很大，负载获得的电压很低，即对外输出电压很低，LED 不点亮；当有酒精蒸气时，随着酒精蒸气浓度的增加，气敏电阻值减小，其输出电压上升，则 LM3914 的 LED（共 10 只）点亮数目也随着增加。测试时，人只要向传感器呼一口气，根据 LED 点亮的情况与数目即可知是否喝酒，并可大

致了解饮酒多少，确定被试者是否适宜驾驶车辆。

　　LM3914 基本电路如图 7 - 1 - 11 所示，该电路主要由 MQ - 3 型酒精传感器、LM3914 集成电路、7805 集成稳压电路、滤波电路、LED、电阻等构成。5 脚为 LM3914 芯片的信号输入端；10 只 LED 接在 1、10 ~ 18 脚的驱动输出端。当检测到酒精信号时，芯片 5 脚即输入一个 0 ~ 12 V 电压，通过比较器即可根据电压高低点亮 0 ~ 10 中不同数量的发光二极管。

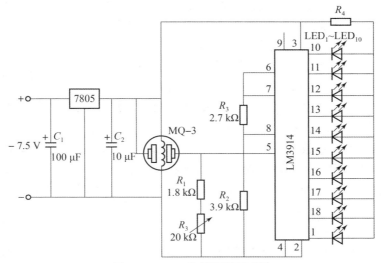

图 7 - 1 - 11　简易酒精测试器

3. 安装与调试

（1）在面包板上布置 LM3914 集成电路插座，并按照接线图将外围电阻元件与 LED 连接。

（2）安装 7805 集成稳压电路及滤波电容（也可直接用稳压电源代替）。

（3）按照本项目中的电阻测试法检测 MQ - 3 气敏传感器，测试无误后将 MQ - 3 气敏传感器按图 7 - 1 - 11 所示连接在集成稳压电路与 LM3914 驱动电路之间。

（4）在稳压电路的输入端加上 6 ~ 7 V 的直流电压，用万用表电压挡测试 LM3914 集成电路插座的 5 脚电压，将装有酒精的小瓶瓶口靠近传感器，观察此电压的变化。

（5）断开电源，插上 LM3914 集成电路，再将酒精瓶口靠近传感器，观察 LED 点亮的情况。反复将酒精瓶口靠近、远离传感器，观察 LED 的变化。

　　调试方法：让 24 h 内没饮酒的人呼气，使得仅 1 只 LED 发光，然后微调电阻 R_2 使之不发光即可。

项目二　利用烟雾传感器检测烟雾

　　本项目中主要学习烟雾传感器的工作原理、特点、分类及应用，会用烟雾传感器检测烟雾信号。

火灾会造成严重的人身安全问题和财产损失，我们在生产生活中要严加防范。请你查找资料，向同学们介绍有哪些传感器能检测火灾，并向同学们简单分析其原理。

任务一　认识烟雾传感器

烟雾传感器又称烟雾报警器或烟感报警器，因为能够探测火灾时产生的烟雾，并且安装简易，所以广泛应用于商场、宾馆、商店、仓库、机房、住宅等场所进行火灾安全检测。图7－2－1所示为烟雾报警器实物图。

烟雾是比气体分子大得多的微粒悬浮在空气中形成的，和一般的气体成分分析不同，烟雾必须利用微粒的特点进行检测。烟雾传感器是以烟雾的有或者无决定输出型号，不能定量测量，一般内置报警铃，检测到烟雾时直接报警。

1. 烟雾传感器的工作原理

烟雾传感器内部安装了光电感烟器件，是利用起火时产生的烟雾能够改变光的传播这一特性研制的，按工作原理可分为离子式和光电式式两种。

图7－2－1　烟雾报警器实物图

1）离子式烟雾传感器

离子式烟雾报警器的内部结构如图7－2－2所示，其内部由放射源的串联室、控制电路及报警器组成。在没有烟雾时，放射源Am241放射出的α粒子进入电离室，将电离室内的气体电离产生正、负离子；正、负离子在外电路的作用下，朝两侧的电极移动，所以在两侧的电极探测到了电荷的增加，或者电流相应的变化，通过外电路探测到，经过一定时间，电压电流稳定。如果有烟雾从外界进入，由于α粒子很容易被微小颗粒阻止，所以说进入到电离室的α粒子数目减少，外电路探测到两个电极之间电压电流的变化而控制报警。

由于α粒子很小，可以感知到很小的烟雾颗粒，所以说离子烟雾报警器对于小颗粒烟雾比较灵敏，比如燃烧比较旺盛时，烟雾颗粒很小，离子烟雾报警器就可以感知到。该设备中α粒子如果没有被人吃到肚子里，对人体是没有辐射作用的，因为α粒子能量很低，一张纸就可以挡掉。

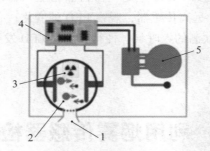

图7－2－2　烟雾传感器内部结构图

1—烟雾颗粒；2—正负离子；3—放射源Am241；4—电路控制部分；5—声音报警装置

2）光电式烟雾传感器

光电烟雾报警器内安装有红外对管，无烟时红外接收管收不到红外发射管发出的红外光，当烟尘进入报警器时，通过折射、反射，接收管接收到红外光，智能报警电路判断是否超过阈值，如果超过则发出警报。

光电感烟探测器可分为减光式和散射光式，分述如下：

（1）减光式光电烟雾探测器。

该探测器的检测室内装有发光器件及受光器件，其结构如图7-2-3所示。在正常情况下，受光器件接收到发光器件发出的一定光量；而在有烟雾时，发光器件的发射光受到烟雾的遮挡，使受光器件接收的光量减少，光电流降低，探测器发出报警信号。

（2）散射光式光电烟雾探测器。

该探测器的检测室内也装有发光器件和受光器件。在正常情况下，受光器件是接收不到发光器件发出的光的，因而不产生光电流。在发生火灾，烟雾进入检测室时，由于烟粒子的作用，使发光器件发射的光产生漫射，这种漫射光被受光器件接收，使受光器件的阻抗发生变化，产生光电流，从而实现了烟雾信号转变为电信号的功能，探测器收到信号后判断是否需要发出报警信号。

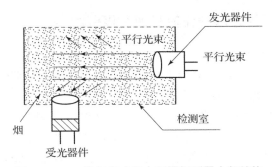

图7-2-3　散射光式光电烟雾探测器内部结构

3）气敏式烟雾传感器

气敏式烟雾传感器主要是利用部分传感器对特定气体敏感的特点制成的。气敏式烟雾传感器的典型型号有MQ-2气体传感器，宜于液化气、丁烷、丙烷、甲烷、酒精、氢气、烟雾等的探测。该传感器将气体种类及其与浓度有关的信息转换成电信号，根据这些电信号的强弱就可以获得与待测气体在环境中的存在情况有关的信息，从而可以进行检测、监控、报警；还可以通过接口电路与计算机组成自动检测、控制和报警系统。该传感器常用于家庭和工厂的气体泄漏装置。

2. 三类传感器的不同特点及应用

离子烟雾报警器对微小的烟雾粒子的感应要灵敏一些，对各种烟能均衡响应；而前向式光电烟雾报警器对稍大烟雾粒子的感应较灵敏，对灰烟、黑烟响应差些。当发生熊熊大火时，空气中烟雾的微小粒子较多，而闷烧的时候，空气中稍大的烟雾粒子会多一些。如果火灾发生后产生了大量的烟雾的微小粒子，离子烟雾报警器会比光电烟雾报警器先报警。这两种烟雾报警器时间间隔不大，但是这类火灾的蔓延极快，此类场所建议安装离子烟雾报警器较好。另一类闷烧火灾发生后，会产生大量的稍大的烟雾粒子，光电烟雾报警器会比离子烟雾报警器先报警，这类场所建议安装光电烟雾报警器。

气敏式传感器的原理是探测空气中某些可燃气体的成分，所以在火灾探测方面，气敏式

传感器性能并不如离子式传感器，其主要用于探测空气中可燃气体的含量，有效地探测煤气、液化石油气、然气、一氧化碳等多种可燃性气体的微量泄漏。其适用于石油、化工、煤炭、电力、冶金、电子等工业企业，以及煤气厂、液化石油气站、氢气站等生产和贮存可燃性气体的场所。

3. 烟雾报警器安装注意事项

烟雾报警器安装应注意防尘，防尘罩必须在工程正式投入使用后方可摘下；安装在房顶时，若安装于倾斜或人形屋顶，报警器应与屋顶保持一定距离，以保证检测灵敏度；不要安装在正常情况下有烟滞留的场所，烟雾报警器对烟雾有较强的感应性，所以对于像厨房、吸烟处等容易产生烟雾的地方，很可能会误报警；烟雾报警器要避免安装在有较大粉尘、水雾、蒸汽、油雾污染、腐蚀气体的场所；烟雾报警器工作环境温度不要超出 - 10 ℃ ~ 50 ℃，避免在相对湿度大于95%、通风速度大于 5 m/s 的场所安装；烟雾报警器避免在接近荧光灯具的地方安装，防止误报；建议每半年应进行一次模拟火警试验，测试报警器是否工作正常；日常千万不要用胶带、塑料袋等将烟雾报警器蒙上。

任务二　利用烟雾传感器制作简易烟雾报警器

1. MQ - 2 烟雾传感器模块

MQ - 2 烟雾传感器使用的气敏材料是在清洁空气中电导率较低的二氧化锡（SnO_2），当传感器所处环境中存在可燃气体时，传感器的电导率随空气中可燃气体浓度的增加而增大。使用简单的电路即可将电导率的变化转换为与该气体浓度相对应的输出信号。MQ - 2 烟雾传感器对甲烷的灵敏度高，对丙烷、丁烷也有较好的灵敏度。这种传感器可检测多种可燃性气体，特别是天然气，是一款适合多种场合的低成本传感器。MQ - 2 烟雾传感器实物如图 7 - 2 - 4 所示。

图 7 - 2 - 4　MQ - 2 烟雾传感器实物图

该模块具有信号输出指示，具有双路信号输出（模拟量输出及数字量电平输出）；数字量输出有效信号为低电平，当输出低电平时信号灯亮，可直接接单片机；模拟量输出 0 ~ 5 V 电压，浓度越高电压越高；对液化气、天然气、城市煤气有较好的灵敏度；具有长期的使用寿命和可靠的稳定性；具有快速的响应恢复特性。其适用于家庭或工厂的气体泄漏监测装置，以及液化气、丁烷、丙烷、甲烷、酒精、氢气、烟雾等监测装置。

2. MQ-2 烟雾传感器模块的接线

MQ-2 烟雾传感器模块具有两路输出，共四个接口，如图 7-2-5 所示。V_{CC} 接 5 V 电源，GND 接电源地端或负极，模拟量输出及数字量电平输出根据需要选用。TTL 输出灵敏度调节只针对数字量输出调节，顺时针调节灵敏度增高，逆时针调节灵敏度降低。

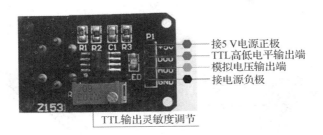

图 7-2-5　MQ-2 烟雾传感器模块接线图

MQ-2 烟雾
传感器说明书

3. 实验步骤

（1）选用 Arduino 控制芯片读取传感器检测信号。将该模块与 Arduino 控制芯片连接，V_{CC} 接 Arduino 控制芯片 +5 V 电源，GND 接 Arduino 控制芯片电源地端，模拟量输出口连接 Arduino 控制芯片 A0～A5 模拟量输入口，数字量输出口接 Arduino 控制芯片 0～13 的数字量输入/输出口。

（2）检查接线无误后将 Arduino 控制芯片上电，下载本任务控制程序。

（3）点燃火柴或蜡烛，在靠近 MQ-2 烟雾传感器模块监测点的同时注意安全。

（4）观察靠近烟雾时模拟量输入口的数据变化，观察此时数字量的输出情况；调节输出灵敏度旋钮，再次靠近监测点，观察此时的数据输出变化。

项目三　利用湿敏传感器检测湿度

本项目中主要学习湿敏传感器的工作原理、特点、分类及应用，会用湿敏传感器进行湿度的测量。

湿度和含水量是息息相关的两个概念，请查找资料，向同学们介绍湿度、绝对湿度、相对湿度和含水量的概念。

任务一　认识湿度传感器

湿度与人类生活、自然界繁衍及科研、工农业生产密切相关，因此，湿度的检测与控制在现代科研、生产医疗及日常生活中的地位越来越重要。例如，集成电路生产车间中，当相对湿度低于30%时，易产生静电而影响生产；许多储物仓库在湿度超过一定程度时，物品易发生变质或霉变现象；纺织厂要求车间的湿度保持在60%～75%；农业生产中的温室育苗、食用菌培养、水果保鲜等都需要对湿度进行检测和控制。常见湿敏传感器如图7-3-1所示。

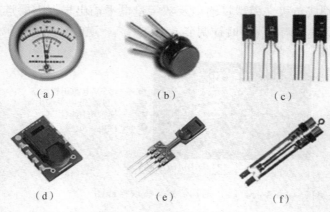

图7-3-1 湿敏传感器

(a) 毛发湿度计；(b)、(c)、(d)、(e) 电容式湿度传感器；(f) 干湿球湿度计

湿度是在空气或其他气体中存在的水蒸气，在我们周围的环境中大约有1%的气体是水蒸气。湿敏传感器是一种将检测到的湿度转换为电信号的传感器，它广泛应用于工农业、气象、环保、国防和航空航天等领域。

1. 湿度的基本概念

湿度的检测与控制在现代科研、生产、生活中的地位越来越重要。例如，许多储物仓库在湿度超过某一程度时，物品易发生变质或霉变现象；居室的湿度适中人才会感到舒服。在农业生产中的温室育苗、食用菌培养、水果保鲜等都需要对湿度进行检测和控制。

空气的干湿程度，或表示含有的水蒸气多少的物理量，称为湿度。空气中液态或固态的水不算在湿度中，不含水蒸气的空气被称为干空气。单位体积的空气中含有的水蒸气的质量称为绝对湿度。由于直接测量水蒸气的密度比较困难，因此通常采用水蒸气的压强来表示。空气的绝对湿度并不能表达人对潮湿程度的感觉，因此人们把某温度时空气的绝对湿度和同温度下饱和气压的百分比叫作相对湿度。

2. 湿度的测量方法

检测湿度的手段很多，如毛发湿度计、干湿球湿度计、石英振动式湿度计、微波湿度计、电容湿度计、电阻湿度计等。本任务主要介绍电子式湿度传感器。电子式湿度传感器主要有电阻式和电容式两大类。

1）电阻式湿敏传感器

湿敏电阻的特点是在基片上覆盖一层用感湿材料制成的膜，当空气中的水蒸气吸附在感湿膜上时，元件的电阻率和电阻值都发生变化，利用这一特性即可测量湿度。湿敏电阻的种类很多，例如硅湿敏电阻和陶瓷湿敏电阻等。湿敏电阻的优点是灵敏度高，主要缺点是线性度和产品的互换性差。

2）电容式湿敏传感器

电容式湿敏传感器一般是用有机高分子材料制成的湿度传感器，主要是利用其吸湿性与胀缩性。某些高分子电介质吸湿后，介电常数明显改变，即制成了电容式湿度传感器；某些高分子电解质吸湿后，电阻明显变化，即制成了电阻式湿度传感器；利用胀缩性高分子（如树脂）材料和导电粒子在吸湿之后的开关特性，制成了结露传感器。常用的高分子材料有聚苯乙烯、聚酰亚胺和醋酸纤维等。

　　高分子薄膜电介质电容式湿度传感器的结构如图 7-3-2 所示。电容式高分子湿度传感器，其上部多孔质的电极可使水分子透过，水的介电系数比较大，室温时约为 79。感湿高分子材料的介电常数并不大，当水分子被高分子薄膜吸附时，介电常数发生变化。随着环境湿度的提高，高分子薄膜吸附的水分子增多，因而湿度传感器的电容量增加，所以根据电容量的变化可测得相对湿度。

　　电容随着环境温度的增加而增加，基本上呈线性关系。当测试频率为 1.5 MHz 左右时，其输出特性有良好的线性度。对其他测试频率，如 1 kHz、10 kHz，尽管传感器的电容量变化很大，但线性度欠佳，其可外接转换电路，使电容—湿度特性趋于理想直线。电容—湿度特性曲线如图 7-3-3 所示。

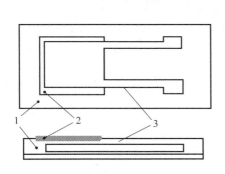

图 7-3-2　电容式湿敏传感器

1—高分子薄膜；2—上部电极；3—下部电极

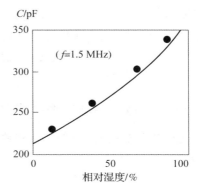

图 7-3-3　电容—湿度特性曲线

　　湿敏电容的主要优点是灵敏度高、产品互换性好、响应速度快、湿度的滞后量小、便于制造、容易实现小型化和集成化，其精度一般比湿敏电阻要低一些。电容式高分子膜湿度传感器的感湿特性受温度影响非常小，在 5 ℃~50 ℃范围内，电容温度系数约为 0.06% RH/C，并且分辨率较高。外生产湿敏电容的主厂家有 Humirel 公司、Philips 公司、Siemens 公司等，以 Humirel 公司生产的 SH1100 型湿敏电容为例，其测量范围是（1%~99%）RH，在 55% RH 时的电容量为 180 pF（典型值）。当相对湿度从 0 变化到 100% 时，电容量的变化范围是 163~202 pF，温度系数为 0.04 pF/℃，湿度滞后量为 ±1.5%，响应时间为 5 s。

　　除电阻式、电容式湿敏元件之外，还有电解质离子型湿敏元件、重量型湿敏元件（利用感湿膜重量的变化来改变振荡频率）、光强型湿敏元件和声表面波湿敏元件等。湿敏元件的线性度及抗污染性差，在检测环境湿度时，湿敏元件要长期暴露在待测环境中，很容易被污染而影响其测量精度及长期稳定性。

3. 湿敏传感器的应用

　　湿敏传感器已经广泛用于工业制造、医疗卫生、林业和畜牧业等各个领域，并可用于生活区的环境条件监控、食品烹调器具和干燥机的控制等。

　　1）湿敏传感器在微波炉中的应用

在微波炉中，陶瓷湿敏传感器用于监测食品烹制成熟程度。食品原料中含有水分，加热时它们将蒸发成水汽，因此通过测定炉中的湿度可以监控食品的加热程度。微波炉中的湿度变化范围很大，约从百分之几的相对湿度一直到百分之百，同时可以控制微波炉的加热时间在几分钟之内达到 100 ℃ 左右。此外，除了水蒸气，在食物中还有大量不同的有机成分发散到微波炉中。在这种条件下，大多数湿敏传感器无法正常工作，而半导体陶瓷传感器克服了这些难点。

2）露点的检测

水的饱和蒸汽压随温度的降低而逐渐下降，在同样空气的水蒸气压下，温度越低，则空气的水蒸气压与同温度下水的饱和蒸气压差值越小。当空气温度下降到某一温度时，空气中的水蒸气压与同温度下水的饱和水蒸气压相等。此时，空气中的水蒸气将凝结成露珠，此时的温度称为空气的露点温度，简称露点。空气中水蒸气压越小，露点越低，因而可用露点表示空气中的湿度。图7-3-4所示为气体结露现象及使用湿敏传感器测量露点的仪器。

图7-3-4 结露及其测量仪器

任务二 利用湿度传感器检测湿度

1. DHT11 数字温湿度传感器模块

DHT11 数字温湿度传感器模块是一款含有已校准数字信号输出的温湿度复合传感器，它包括一个电阻式感湿元件和一个 NTC 测温元件。每个 DHT11 传感器都在极为精确的湿度校验室中进行校准。校准系数以程序的形式储存在 OTP 内存中，传感器内部在检测信号的处理过程中要调用这些校准系数，无须重新校准。单线制串行接口使系统集成变得简易快捷，其体积小，功耗低，信号传输距离可达 20 m 以上。该模块实物如图 7-3-5 所示。

图7-3-5 DHT11 数字温湿度传感器模块

DHT11 模块可以检测周围环境的湿度和温度，湿度测量范围为 20%～95%（0 ℃～50 ℃范围），湿度测量误差为 ±5%；温度测量范围为 0 ℃～50 ℃，温度测量误差为 ±2 ℃；工作电压为 3.3～5 V，以数字形式输出。其应用范围广，常用于测试和检测设备、数据记录器以及家庭测温、空调等设备检测温湿度。

主模式下，用户发送一次开始信号后，DHT11 从低功耗模式转换到高速模式，待主机开始信号发送结束后，DHT11 发送响应信号，送出 40 bit 的数据，并触发一次信号采集，用户可选择读取部分数据。

从模式下，DHT11 接收到开始信号触发一次温湿度采集，如果没有接收到主机发送的开始信号，DHT11 不会主动进行温湿度采集，芯片在采集数据后转换到低速模式。

2. DHT11 数字温湿度传感器模块接线

DHT11 数字温湿度传感器模块有三根引线，其中 V_{CC} 外接 3.3 ~ 5 V 电源，GND 外接电源地或负极，DATA 数字量输出接口接控制芯片数字输入口。

3. 实验步骤

（1）选用 Arduino 控制芯片读取传感器检测信号。将该模块与 Arduino 控制芯片连接，V_{CC} 接 Arduino 控制芯片 +5V 电源，GND 接 Arduino 控制芯片电源地端，模数字量输出口接 Arduino 控制芯片 0 ~ 13 的数字量输入/输出口。

（2）检查接线无误后将 Arduino 控制芯片上电，下载本任务控制程序。

（3）观察模块输出数据的变化，将检测芯片靠近水杯，吹动水面，加速水汽扩散（为现象明显，可以选用热水），观察输出数据的变化。操作过程中应注意安全，不能将水喷溅到传感器和芯片上，以防止器件损坏。

 知识拓展

温湿度传感器
测温方式说明

生物传感器的应用

1. 生物传感器的定义

生物传感器（Biosensor）是一种对生物物质敏感并将其浓度转换为电信号进行检测的仪器，是由固定化的生物敏感材料作识别元件（包括酶、抗体、抗原、微生物、细胞、组织、核酸等生物活性物质）、适当的理化换能器（如氧电极、光敏管、场效应管、压电晶体等等）及信号放大装置构成的分析工具或系统。生物传感器具有接受器与转换器的功能。

生物传感器由分子识别部分（敏感元件）和转换部分（换能器）构成：以分子识别部分去识别被测目标，是可以引起某种物理变化或化学变化的主要功能元件。分子识别部分是生物传感器选择性测定的基础，是把生物活性表达的信号转换为电信号的物理或化学换能器（传感器）。各种生物传感器有以下共同的结构：包括一种或数种相关生物活性材料（生物膜）及能把生物活性表达的信号转换为电信号的物理或化学换能器（传感器），二者组合在一起，用现代微电子和自动化仪表技术进行生物信号的再加工，构成各种可以使用的生物传感器分析装置、仪器和系统。

2. 生物传感器的发展

1967 年，S. J. 乌普迪克等制出了第一个生物传感器葡萄糖传感器。将葡萄糖氧化酶包含在聚丙烯酰胺胶体中加以固化，再将此胶体膜固定在隔膜氧电极的尖端上，便制成了葡萄糖传感器。当改用其他的酶或微生物等固化膜时，便可制得检测其对应物的其他传感器。固定感受膜的方法有直接化学结合法、高分子载体法和高分子膜结合法。现已发展了第二代生物传感器（微生物、免疫、酶免疫和细胞器传感器），研制和开发了第三代生物传感器，将系统生物技术和电子技术结合起来的场效应生物传感器，20 世纪 90 年代开启了微流控技术，生物传感器的微流控芯片集成为药物筛选与基因诊断等提供了新的技术前景。由于酶膜、线粒体电子传递系统粒子膜、微生物膜、抗原膜、抗体膜对生物物质的分子结构具有选择性识别功能，只对特定反应起催化活化作用，因此生物传感器具有非常高的选择性。其缺点是生物固化膜不稳定。生物传感器涉及的是生物物质，主要用于临床诊断检查、治疗时实施监控、发酵工业、食品工业、环境和机器人等方面。

生物传感器是用生物活性材料（酶、蛋白质、DNA、抗体、抗原、生物膜等）与物理化学换能器有机结合的一门交叉学科，是发展生物技术必不可少的一种先进的检测方法与监控方法，也是物质分子水平的快速、微量分析方法。在 21 世纪知识经济发展中，生物传感器技术必将是介于信息和生物技术之间的新增长点，在国民经济中的临床诊断、工业控制、食品和药物分析（包括生物药物研究开发）、环境保护以及生物技术、生物芯片等研究中有着广泛的应用前景。

3. 生物传感器的应用

1）食品工业

生物传感器在食品分析中的应用包括食品成分、食品添加剂、有害毒物及食品鲜度等的测定分析。

（1）食品成分分析。

在食品工业中，葡萄糖的含量是衡量水果成熟度和贮藏寿命的一个重要指标。已开发的酶电极型生物传感器可用来分析白酒、苹果汁、果酱和蜂蜜中的葡萄糖。其他糖类，如果糖，啤酒、麦芽汁中的麦芽糖，也有成熟的测定传感器。Niculescu 等人研制出一种安培生物传感器，可用于检测饮料中的乙醇含量。这种生物传感器是将一种配蛋白醇脱氢酶埋在聚乙烯中，酶和聚合物的比例不同可以影响该生物传感器的性能。在进行的实验中，该生物传感器对乙醇的测量极限为 1 nmol/L。

（2）农药残留量分析。

人们对食品中的农药残留问题越来越重视，各国政府也不断加强对食品中农药残留的检测工作。Yamazaki 等人发明了一种使用人造酶测定有机磷杀虫剂的电流式生物传感器，即利用有机磷杀虫剂水解酶，对硝基酚和二乙基酚的测定极限为 10^{-7} mol，在 40 ℃下测定只要 4 min。Albareda 等用戊二醛交联法将乙酰胆碱酯酶固定在铜丝碳糊电极表面，制成一种可检测浓度为 10^{-10} mol/L 的对氧磷和 10^{-11} mol/L 的克百威的生物传感器，可用于直接检测自来水和果汁样品中两种农药的残留。

（3）微生物和毒素的检验。

食品中病原性微生物的存在会给消费者的健康带来极大的危害，食品中毒素不仅种类很多而且毒性大，大多有致癌、致畸、致突变作用，因此，加强对食品中病原性微生物及毒素的检测至关重要。

食用牛肉很容易被大肠杆菌 0157：H7 所感染，因此，需要采用快速、灵敏的方法检测和防御大肠杆菌 0157：H7 一类的细菌。Kramerr 等人研究的光纤生物传感器可以在几分钟内检测出食物中的病原体（如大肠杆菌 0157：H7），而传统的方法则需要几天。这种生物传感器从检测出病原体到从样品中重新获得病原体并使它在培养基上独立生长总共只需 1 天时间，而传统方法需要 4 天。

还有一种快速、灵敏的免疫生物传感器可以用于测量牛奶中双氢除虫菌素的残余物，它是基于细胞质基因组的反应，通过光学系统传输信号。已达到的检测极限为 16.2 ng/mL，一天可以检测 20 个牛奶样品。

2）环境监测

环境污染问题日益严重，人们迫切希望拥有一种能对污染物进行连续、快速、在线监测的仪器，生物传感器满足了人们的要求。已有相当部分的生物传感器应用于环境监测中。

（1）水环境监测。

生化需氧量（BOD）是一种广泛采用的表征有机污染程度的综合性指标。在水体监测和污水处理厂的运行控制中，生化需氧量也是最常用、最重要的指标之一。常规的 BOD 测定需要 5 天的培养期，而且操作复杂，重复性差，耗时耗力，干扰性大，不适合现场监测。SiyaWakin 等人利用一种毛孢子菌（Trichosporoncutaneum）和芽孢杆菌（Bacilluslicheniformis）制作出了一种微生物 BOD 传感器。该 BOD 生物传感器能同时精确测量葡萄糖和谷氨酸的浓度，测量范围为 $0.5 \sim 40$ mg/L，灵敏度为 5.84 nA/mgL。该生物传感器稳定性好，在 58 次实验中，标准偏差仅为 0.0362，所需反应时间为 $5 \sim 10$ min。

（2）大气环境监测。

二氧化硫（SO_2）是酸雨酸雾形成的主要原因，传统的检测方法很复杂。Martyr 等人将亚细胞类脂类（含亚硫酸盐氧化酶的肝微粒体）固定在醋酸纤维膜上，与氧电极制成安培型生物传感器，对 SO_2 形成的酸雨酸雾样品溶液进行检测，10 min 可以得到稳定的测试结果。

3）医学

医学领域的生物传感器发挥着越来越大的作用。生物传感技术不仅为基础医学研究及临床诊断提供了一种快速、简便的新型方法，而且因为其专一、灵敏、响应快等特点，在军事医学方面也具有较广的应用前景。

（1）临床医学。

在临床医学中，酶电极是最早研制且应用最多的一种传感器，已成功应用于血糖、乳酸、维生素 C、尿酸、尿素、谷氨酸、转氨酶等物质的检测。其原理是：用固定化技术将酶装在生物敏感膜上，检测样品中若含有相应的酶底物，则可反映产生可接受的信息物质，指示电极发生响应可转换成电信号的变化，根据这一变化，即可测定某种物质的有无和多少。利用具有不同生物特性的微生物代替酶，可制成微生物传感器，在临床中应用的微生物传感器有葡萄糖、乙酸、胆固醇等传感器。若选择适宜的含某种酶较多的组织来代替相应的由酶制成的传感器，即称为生物电极传感器。如用猪肾、兔肝、牛肝、甜菜、南瓜和黄瓜叶制成的传感器，可分别用于检测谷酰胺、鸟嘌呤、过氧化氢、酪氨酸、维生素 C 和胱氨酸等。

用于临床疾病诊断是 DNA 传感器的最大优势，它可以帮助医生从 DNA、RNA、蛋白质及其相互作用层次上了解疾病的发生和发展过程，有助于对疾病的及时诊断和治疗。此外，进行药物检测也是 DNA 传感器的一大亮点。Brabec 等人利用 DNA 传感器研究了常用铂类抗癌药物的作用机理并测定了血液中该类药物的浓度。

（2）军事医学。

军事医学中，对生物毒素的及时、快速检测是防御生物武器的有效措施。生物传感器已应用于监测多种细菌、病毒及其毒素，如炭疽芽孢杆菌、鼠疫耶尔森菌、埃博拉出血热病毒、肉毒杆菌类毒素等。

2000 年，美军报道已研制出可检测葡萄球菌肠毒素 B、蓖麻素、土拉弗氏菌和肉毒杆菌等4种生物战剂的免疫传感器，检测时间为3～10 min，灵敏度分别为10 mg/L和50 mg/L以及 5×10^5 cfu/mL 和 5×10^4 cfu/mL。Song等人制成了检测霍乱病毒的生物传感器，该生物传感器能在30 min内检测出低于 1×10^{-5} mol/L 的霍乱毒素，而且有较高的敏感性和选择性，操作简单。该方法能够用于具有多个信号识别位点的蛋白质毒素和病原体的检测。

此外，在法医学中，生物传感器可用作DNA鉴定和亲子认证等。

随着生物科学、信息科学和材料科学发展成果的推动，生物传感器技术飞速发展。但是，生物传感器的广泛应用仍面临着一些困难，今后一段时间里，生物传感器的研究工作将主要围绕选择活性强、选择性高的生物传感元件；提高信号检测器的使用寿命；提高信号转换器的使用寿命；生物响应的稳定性和生物传感器的微型化、便携式等问题。

可以预见，未来的生物传感器将具有以下特点。

1）功能多样化

未来的生物传感器将进一步涉及医疗保健、疾病诊断、食品检测、环境监测、发酵工业的各个领域。生物传感器研究中的重要内容之一就是研究能代替生物视觉、嗅觉、味觉、听觉和触觉等感觉器官的生物传感器，这就是仿生传感器，也称为以生物系统为模型的生物传感器。

2）微型化

随着微加工技术和纳米技术的进步，生物传感器将不断的微型化，各种便携式生物传感器的出现使人们可以在家中进行疾病诊断，且令在市场上直接检测食品成为可能。

3）智能化集成化

未来的生物传感器必定与计算机紧密结合，自动采集数据、处理数据，更科学、更准确地提供结果，实现采样、进样、结果一条龙，形成检测的自动化系统。同时，芯片技术与传感器的联系将更加紧密，实现检测系统的集成化、一体化。

4）低成本、高灵敏度、高稳定性、高寿命

生物传感器技术的不断进步，必然要求不断降低产品成本，提高灵敏度、稳定性和寿命。这些特性的改善也会加速生物传感器市场化、商品化的进程。在不久的将来，生物传感器会给人们的生活带来巨大的变化，它具有广阔的应用前景，必将在市场上大放异彩。

思考与练习

1. 填空题

（1）目前主要应用的气体的检测分析方法有_____、_____和_____等。

（2）气敏传感器是一种_____的传感器。按工作原理主要有_____、_____、_____和_____等。

（3）电阻式半导体气体传感器是利用其_____的变化来检测气体浓度的。

（4）烟雾传感器内部安装了光电感烟器件，是利用_____这一特性研制的，按工作原理可分为_____和_____式两种。

（5）湿度是在＿＿＿＿＿＿＿＿＿＿＿＿，在我们周围的环境中大约有＿＿＿＿的气体是水蒸气。

（6）电子式湿度传感器主要有＿＿＿＿、＿＿＿＿两大类。

（7）空气中的水蒸气将凝结成露珠，此时的温度称为空气的＿＿＿＿，简称＿＿＿＿。

2. 简答题

（1）气敏传感器的定义是什么？主要有什么作用？按加热方式不同，它如何进行分类？

（2）什么是气敏传感器？它有什么特点？

（3）常用的气敏传感器主要有哪几类？其基本原理是什么？

（4）气敏传感器主要有什么应用？试举例说明。

（5）为什么有些气敏传感器在使用时必须加热？

（6）烟雾传感器的工作原理有哪些？是如何分类的？一般用于什么方面？

（7）三种不同的烟雾传感器的工作原理和应用场合有什么区别？

（8）什么是绝对湿度？什么是相对湿度？检测湿度的手段主要有哪些？

（9）电容式湿度传感器的工作原理是什么？有什么特点？

（10）电容式湿度传感器主要有哪些应用？

参 考 文 献

[1] 国家质量监督检验检疫总局. 传感器通用术语（GB/T 7665—2005）[M]. 北京：中国标准出版社，2005.

[2] 国家质量监督检验检疫总局. 工业过程测量和控制用检测仪表和显示仪表（GB/T 13283—2008）[M]. 北京：中国标准出版社，2008.

[3] 徐科军，马修水. 传感器与检测技术 [M]. 北京：电子工业出版社，2008.

[4] 郁有文，常健. 传感器原理及工程应用 [M]. 广州：华南理工大学出版社，2015.

[5] 吴旗. 传感器及应用 [M]. 北京：高等教育出版社，2010.

[6] 胡向东. 传感器与检测技术 [M]. 北京：机械工业出版社，2018.

[7] 孙余凯，吴鸣山. 传感器应用电路300例 [M]. 北京：电子工业出版社，2008.

[8] 刘伟. 传感器原理及实用技术 [M]. 北京：电子工业出版社，2006.

[9] 梁森，黄杭美，王明霄，王侃夫. 传感器与检测技术项目教程 [M]. 北京：机械工业出版社，2015.

[10] 宋雪臣. 传感器与测试技术 [M]. 北京：人民邮电出版社，2009.

[15] 汤平，邱秀玲. 传感器技术及应用 [M]. 北京：电子工业出版社，2019.

[16] 兰子奇. 传感器应用技术 [M]. 北京：高等教育出版社，2018.

[17] 刘伦富，周未，周志文. 传感器应用技术 [M]. 北京：机械工业出版社，2021.

[18] 曾光宇. 光电检测技术 [M]. 北京：航空航天出版社，2008.

[19] 施文康，余晓芬. 检测技术 [M]. 北京：机械工业出版社，2010.

[20] 陈胜林，侯成晶. 图解传感器及应用电路 [M]. 北京：中国电力出版社，2016.